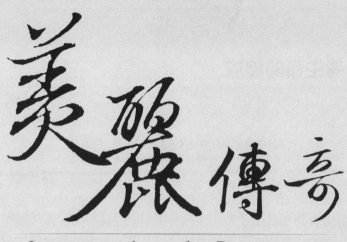

美麗傳奇

Legend of Beauty

許宏 ◎ 著

推薦序
美麗生命的綻放

中華民國企業經營管理顧問協會　理事長
臺灣亞太理財規劃協會　祕書長
南山保險天成通訊處　處經理／**劉邦寧 博士**

　　在財經世界裡打滾了多年，在「南山天成通訊處」帶領團隊闖蕩江山，在國內外兩洋五洲日月穿梭，時時刻刻記錄著世界每個角落的經典之美。然而，最美的人文與土地依舊是我最愛的故鄉「福爾摩沙」──「臺灣」。

　　越是見過大局面，越能懂得謙卑；越是擁有世界觀，越能懂得美麗的精緻點。許宏的外型豪邁如雄獅，內在細膩如處子，觀察人事物的透徹度，有其獨步全球的感動力。

　　美麗的展現是生命的本能，追求美麗的事物是萬物的本性。然而多數人卻不知方法，不得其門而入。於是造成了全球皆然的迷失與騙局，花了銀兩，輸了身心靈。這是得不償失的茫然懵懂，卻也是福報未至，缺乏貴人的表象。

　　許宏是美麗工作者眾所推崇的巨擘，當然更是所有愛美生命者的貴人。在 2006 年的《美容一瞬間》書中，已完全展現其「不為財筆，不為利書」的超然。在勇敢表述真相的同時，早已知悉失去橫富進袋的機會，這就是一代文人對歷史潮流真誠記錄的果敢，令人敬佩。

　　邦寧有幸，也在《大商的味道》中被作者許宏採訪，其描述之精

準，正中我心，感動已不足形容內在的波濤洶湧。能與如此率直真性之人相識，是任何人都渴望之事。

《美麗傳奇》即將出版，這是世間愛美人士的福音，也是美麗工作者的指南。在創造美麗畫面的同時，不忘淨化自己的靈魂。

我看過了世界的每一個角落，踏遍了每一塊土地。是的，臺灣沒有妄自菲薄的道理，沒有媚外崇洋的理由。

臺灣什麼都有，就是少了自我肯定的凝聚，而不是資源；臺灣什麼都會，就是少了自己身心靈整合的能力，這是歷史無端的細胞創傷記憶。藉由本書，足以啟動您自我療癒的機制。

許宏是天使，是背負使命的靈魂，透過言語，透過文字，奉獻著愛的點點滴滴。邦寧在此鄭重推薦本書，不單創造您的美麗，也將翻轉您的經濟。

閱之是福，行之是智，推之是善。

劉邦寧 2016/3/23

推薦序
天下之美

天下英文執行長／黃心慧

英文用的是左腦，中文用的是右腦。但世界的語言同源，只是因緣而異的歷史演變，造就了小小地球千百種語言文字的交疊。

許宏的中文是走遍天下無出其右的光芒，其文字中的精神更是真正呈現語言力道的舵手。我們在 2015 一起創作了《大商的味道》、《Big in business》雙語雙冊發行全球。這是為臺灣被看見的堅持，而我們使上了生命中最誠摯的力量，至今這份感動盤繞左右，並且時時激勵著我們繼續奮發向上，為臺灣綻放榮耀的輝煌。

2016 年，《美麗傳奇》是許宏為臺灣奉獻的最新鉅作，能夠被刊登記錄於其中的美麗工作者更是幸運的代表，因為這本書不會只在臺灣流傳，而是將透過網路媒體與英文的傳輸前進全世界。

愛臺灣對我們而言是一步一腳印的累積，學習國際的語言，運用世界的資源，壯大臺灣的精緻能見度，不再讓臺灣停留於歷史中的殖民次等思維，不再讓臺灣人覺得海外的月亮比較美。

臺灣的美需要大家的自我覺醒與認同，需要彼此精進的成長，學習自己的不足，發揚自己的美好，如此必能行銷臺灣於全世界。

藝術在臺灣有其多元化的風格，有其靈活的轉化。任何元素到臺灣，都有其令人驚嘆的絢爛。在美麗的視覺、嗅覺、聽覺與味覺中，都有著出類拔萃的新生命。

透過許宏的筆觸，穿越許宏的思維，《美麗傳奇》之所以美，之所以值得典藏，全然來自書中所有的字字句句，都是至真、至善，因此至美。

推薦這本書，不是只推薦給臺灣人，而是天下所有想要達到真善美的靈性之人。因為《美麗傳奇》陳述的不只是人性的美、臺灣的美，更是世界之最的「天下之美」。

黃心慧　2016/3/25

推薦序
靈性覺知的正能量

全球教育推廣協會（GEAT Global Education Association in Taiwan）祕書長
職場英文論壇雜誌（English Career）總編輯
臺灣科技大學教授／ **黃敏裕**

　　旅居國外多年，不敢說行千里路勝讀萬卷書，卻也因歲月的催促而閱人無數。回到臺灣時感受家鄉的溫度，我將我的精華歷練灌注於莘莘學子的語言成長，因為沒有國際語言的能力，走不出大格局的世界觀。於是，我將餘力以英文傳遞於中文的生命之美。

　　偶然間，在朋友的臉書上看到了作者許宏的文章，為之驚豔。一篇篇震撼我心，優美的文字卻深具靈性的力量，句句深刻，彷若百歲的智者。

　　感動之餘，我開始翻譯每一篇許宏貼在臉書上的文章，因為我希望能夠將此正念、正思維、正能量傳播到更遙遠的地方。

　　許宏的文字如天籟，悅耳，而發人深省；
　　許宏的文字似摯友，真誠，而不矯情。

　　每一天都有新的驚喜，每一篇都有新的領悟，在語言轉換的過程中，也再一次洗滌我的身心靈。這不是兩三天的熱情與新鮮，而是持而久之的活力。

　　您可能很難想像，我們沒有見過面，卻有著亙古不變的友誼，這

是莫逆之交，是無欲則剛的真情，我珍惜。

　《美麗傳奇》的每一篇我都細細品味，從作者勇敢對真相的表述，真理鉅細靡遺的傳承，還有經典美麗工作者的生命點滴，每一篇都是值得珍藏的生活智慧。

　我有著年輕人無法比的熱情，沉靜中帶著雀躍，真誠分享這本書，開卷有益。

　借用許宏的兩句話：

你不會因為問了一堆問題，而找到生命的答案；
卻能因為已然的答案，而解決了所有的問題。
美麗的世界裡，本書就是「已然的答案」！

黃敏裕 2016/3/27

作者序
美麗是一種態度　傳奇是一種軌跡

在施與受的交錯中，美麗得以維持。

美麗工作者是施，享受美麗服務者是受；

產品製造者是施，商品使用者是受；

原料的源頭是施，物質的接受者是受。

原料的起端不論是礦物、植物、動物、石化衍生物，在在都緣起於施者的良知，影響受者的身心靈，不得不慎。

美麗的方式不論是從內而外，從外而內，不論是從五感六覺的哪個方向切入，不論是古老還是先進，不論是原始還是科技，美麗的方法從來就沒有離經叛道的道理。

感恩黃敏裕教授、黃心慧執行長、劉邦寧理事長為本書作序，真誠的分享，許宏無比感激。

感恩所有受訪者的參與，因為您的故事，讓本書更能如同明燈一般，指引所有愛美人士正確的美麗方法與方向，不至於在眾說紛紜的行銷謊言中，不斷產生二度的傷害。

也讓所有想要踏入美麗工作的有志之士有著目標明確的依循，因為這些老師們都會是學習者最棒的入門選擇。

「真理知識篇」是不讓我們走入悲情的方針；
「特殊技藝篇」是蛻變翻轉技術優勢的機會；
「靈性之美篇」是避免本末倒置的正確觀念；
「典範傳奇篇」是精進拜師求藝的客觀參考。

美麗是從心靈打底的根本態度，
傳奇就是生命精彩綻放的軌跡。
故稱「美麗傳奇」。

許宏 2016/4/1

目錄
Contents

A「真理知識篇」

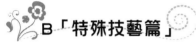
B「特殊技藝篇」

c「靈性之美篇」

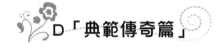

D「典範傳奇篇」

美麗傳奇

是一本什麼書？
是「美容相關工作者」的依循寶典，知識聖經。

是「消費者」的運用指南。
是美容界現行「典範的傳奇」。

美容師、美體師、芳療師、美髮師、美眉師、美睫師、美甲師、靈性心理諮詢師、占卜師、按摩師、健康調理師、造型師、新娘祕書、服裝設計師……，所有美麗工作者的必備參考工具書。

全書分為四大篇：

A「真理知識篇」是不讓我們走入悲情的方針。
告訴我們美容相關的標準原理，方式與祕密，包含美容八大課題、方法、觀念，不懂美容的消費者看完也懂了。

B「特殊技藝篇」是蛻變翻轉技術優勢的機會。
美容不需要花大錢，非必要時千萬別打針動刀弄槍，因為美容是藝術不是手術，是技術不是魔術。提供您沒有見過原始技藝，卻是「力到美生」的傳奇。

C「靈性之美篇」是避免本末倒置的正確觀念。
以天然植物精油運用於身心靈調理，從觀念與習慣改變生活的方

式，就能讓自己回歸自在的大自然之美。

D「**典範傳奇篇**」**是精進拜師求藝的客觀參考。**

　　收藏於其中的美麗工程師，都是現在進行式，他們都是愛美女性可以信賴的藝術典範，更是想要踏入此一領域者，拜師學藝的最佳選擇。

　　美麗是從心靈打底的根本態度，傳奇就是生命精彩綻放的軌跡。

　　這是一本感動世界的書，更是美麗創造的明燈。千年萬年永流傳，古今中外盡美麗，故稱「美麗傳奇」。

A 真理知識篇

真理是什麼？真理就是大自然的原理。

愛美是真理，卻不能不知如何美的道理。

美是一種物質的排列組合，更是一種能量的展現。

只知物質的運用，缺了靈性的能量，這種美必然是僵硬的機械之美。

只有能量的超然，缺了物質的踏實，這種美也必然是存在著缺憾的蒼涼與自我安慰。

美來自於善，善緣起於真。虛假中找不到良善，不善即不正，不正即歪斜，天下豈有不善之美。

有了正確的觀念，執行了正確的方法，不沉迷於科技，不釀造謊言，真實不欺。這樣的服務，方能造就歷久不衰，不澀不膩，細水長流的「真善美」。

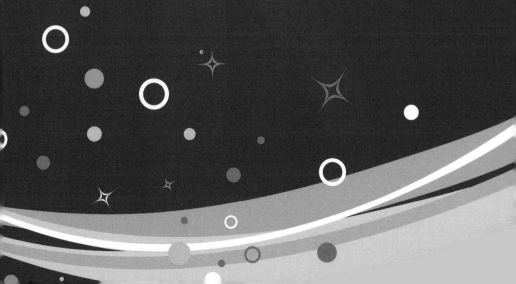

美麗

外表重不重要？不要騙我，說你只在乎內涵。

人是感官的動物，外在必然是「第一印象」。

但，我們必然發現，有人看來亮麗，開口卻令人退避三舍。

有人初識一切都好，來日卻望之作嘔，為何？

因為我們看到了外貌，卻沒有「窺見全貌」。

當你只有聽覺，悅耳就是第一眼；當你只有觸覺，滑順就是第一眼；當你只有嗅覺，氣味就是全部；人的美，只來自「當下的感受」。因此，要看透「全然的真相」，才是真正印象判斷。

要多看幾次，各種角度與方式的看視，才能看到自己真正想要的感覺。

人們給自己判斷的時間太少，都在衝動中下錯了決定，才會在生命中徒增煩惱，在人生的後悔中度過。因此，練習打開心眼，用「心眼」寧靜檢視你所感官到的一切，才是全貌。相由心生，物由心造，一切來自你的心，要一眼看穿「真相」，唯獨「心眼透視」才能看到。

美麗有很多種定義，漂亮有很多種層次。

可以用手術建構的美，是科技帶來的改變，卻也是顛覆因果的掙扎，更是翻轉自己的重建，確實是絕望中的機會。

內外調理的保養，是延緩歲月痕跡，調整病理狀態的不完美，「餘即除之，缺即補之」的概念。幻化的妝容，從頭到腳，從眉至甲，

從內衣到外裝，盡是愉悅人己的禮貌。從心靈展現的自信與自在，散發於肢體的活力，眼神的光芒，燦爛的微笑，豁達的行為舉止，更是寰宇之最美。然而，沒有一日可成的皇室，更沒有一夕造就的羅馬。

美，是一種在乎，是一種端正的態度，是萬物皆然的追求，是天地同喜的祝福。

美麗萬歲！漂亮無罪！

美，「不只是視覺」，也可以是聽覺，更可以是嗅覺、味覺、觸覺，各種有形無形、有感無感之覺。但單就一種「覺」所展現，其實都是「殘缺之美」。

完整的美是一種來自各種感覺融為一體的「良善之美」，

是一種由內而外所持續散發的「神韻之美」，

是一種由外往內所無限探索的「智慧之美」。

美是一種「外顯的呈現」，更是一種「內孕的希望」。

美是生命鍛鍊後自然閃耀的「愛之嫵媚」。

美，就是美。

美不美麗，別說你不在乎！

這種迷失的言論，不是瀟灑，不是智慧，而是不知輕重的妄語。

誰也希望莊嚴，誰也希望典雅，沒人喜歡噁心的畫面，沒人渴望殘破的恐怖景象。沒到那個境界，別說那樣的話。還沒長大，別盡學大人講話。

你若不在乎，那麼你將失去。

珍惜滿足現有的美好，就是福報。

照著鏡子，看到自己完整的五官，我們該微笑，該感恩！

美麗並不是一件容易的事，當我們擁有天生的美，我們必須做三件事：第一感恩，第二經營，第三幫助。這是美麗三要素。

✧ 第一要素「感恩」

多少人誕生之後，就擁有著美麗的臉蛋，令人羨慕，因此創造了很多的資源與機會，但豈能濫用。我們不能揮霍這種天賦，不能張狂，不能因此而驕傲，因為這是最多數十年的現象。我們必須感恩，感恩天地的賜福，感恩祖先父母的基因與生養照顧。沒有這一切，何來美麗的開頭。

✧ 第二要素：「經營」

擁有了天生的美，即使不是完美，卻也必須珍惜、維持與經營。身體髮膚受之父母，不敢毀傷，這是維持。養生之道，即是美麗的維持，不可造次。從內而外的飲食，生活習慣，身心靈全方位的調理就是根本美麗的維持。從外而內的美容保養，典雅裝飾就是維持外在良善感官的經營。

✧ 第三要素：「幫助」

因為一顆菩薩的心，所以有了一張菩薩的臉；
因為清心寡欲，所以才有不顯壓力的容貌。
因為一朵朵陽光的願，所以有了一束束太陽的光，在那一雙雙感同身受的十指間。幫助是讓別人也美麗，讓別人也喜悅、也自信。
美容工作不應該只是事業，更是一項志業。打造人們的信心，建設人們的勇氣，維持存在這世間能夠呼吸的美麗。這種幫助是深層的感動，不只是膚淺的絢麗。

讚嘆美容的從業人員，包含整型醫生，包含所有的美麗工作者，因為您們的付出，讓人間更多精彩。

如同花園裡的園丁，維繫者一株株希望的綻放，用心幫助，用愛灌溉，百花齊盛開。

高者謙，強者卑；
富者虛，美者斂。
當我們「擁有了別人所渴望」，
千萬不要顯出「趾高氣昂」之狀，
這會令人難堪，也將陷己於窘境。
因為「沒有永遠的現況」，
謙卑是一種「正義感」，
虛懷是一種「溫暖」，
收斂是一種「福報感恩的收藏」，
當我們已有所成，
「提攜、扶持、助弱」就是讓自己推向更頂端的能量。

當尚且無人知道「我們來自何方」，
那麼，謙卑暫時還不是合身的衣裳。
因為我們正努力前往，可以真正展現「謙卑收斂，虛懷若谷」的雲端。

你一定聽過「也不自己照照鏡子」、「也不長漂亮一點」類似的話，其實，這話很糟糕，是埋下因果的炸彈。
我們可以欣賞自己的美，但是千萬不要嘲弄別人的現況。
因為有一天，當我們認真照上鏡子，才發現原來自己「真醜」！

美麗是一種「福報」，
是一種「心境」，
是一種「感官的體驗」，
美麗是一種「過程」，
是一種「現象」，
是一種「稍縱即逝的夢境」。
美麗是一種「創造」，
是一種「努力」，
是一種「奮鬥不懈的精神」。
美麗是一種「狀態」，
是一種「結晶」，
是一種「精雕細琢的自信展現」。
但，這些美麗都是「泡沫」，
不曾永恆。

唯有付出後，燃燒的感動，
才能在「潛意識中持續閃耀光芒」，
美麗是什麼，
是歷久彌新、口碑相傳的永恆傳奇，
我們稱之「美麗傳奇」。

一個人磁場不美，心靈就不會美，
心靈不美，眼神就不美，外表就很難美，
美化容貌之前，一定要美化身體與心靈。
我給這個執業方向命名為：**美麗工程師**。

選擇

過去有人說：「想不開的，才去出家。」

講這話的人必然沒有智慧，「因為想開了，才有辦法出家」。

不然，雍正皇帝不會說「出家乃大丈夫事，非將相所能為」。

現在有人說：「做美容的，是因為不會唸書，沒有其他才能。」

講這話的人必然不用腦袋思考，「**因為美容是專業技術，學術與藝術的結合，更是偉大的哲學**」。

不然，怎麼會有一堆醫生放著本業不做，搶食美容師們賴以維生的工作？醫生夠會唸書了吧！

「美容」是造福人類視覺感官的偉大工程。

美容師不但是哲學家、療癒師，更是偉大生命心靈的工程師。

學歷重要嗎？那要看以什麼狀況與角度來看。

十年前的《成就一瞬間》，我寫了一篇「學歷無用論」，當時我是集團總顧問，不是老闆。

但自行創業至今八年來，我更證實一件事，別拿你的文憑與證書來應徵。如果你有能力，幼稚園沒畢業，我都用你。

我的團隊只看能力不看資歷，只要學習力，只要你學歷史的精髓，不要你的學歷。尤其是在臺灣這樣的教育體系裡，學歷若無紮實的學習經歷，若無增長你的學習能力，那真的毫無意義。

博士是博學之士嗎？不是！是具有深度研究能力之士，讓每一門學問都可以與人生哲理相通，故稱哲學博士「PHD」。獲得了學歷，其實應該增加的是更能面對環境變化，更能突破逆境的適應力、學習力與創造力。如果你沒有上述的能力，請看看你的畢業證書，上

面的名字究竟是不是「你認識的你」。切記！不要拿你的證書來讓我認識你！

當你踏進美容系統這條路，恭喜你，這是一條正確的路。因為你的基本外貌應該不會令人不舒服。當你考上了丙、乙級相關證照，恭喜你，你已經開始真正被打分數。證照制度顯示職能與證書毫無關係，你必須真正磨練你想要的功夫。就像美容師證照應該比較算是彩妝師傅。而美容美體等等的現場實務，你必須繼續從頭找師父。

你埋怨著為何生意不上門，你痛苦著客人留不住，其實這才是學習的起步。你到了可以學習的環境，彷若半工半讀，其實根本是學徒。你開始怨恨收入不足。

有一天，你覺得自己已經會了一點皮毛技術，開始自立為王收門徒、搶客戶，最後發現「來的都是與你過去同樣的人物」，你悔不當初。

說著說著，就只剩自己獨處，成為了自己美容工作室的臺柱。因為沒人會再與你計較、爭好處。

突然，看到網路流傳一本書《大商的味道》，開始思考大商之路，原來參與團隊、共襄盛舉才是事業的歸途。「系統化的內部創業」，讓你「也是老闆，也不孤獨」。選擇美容這條路，別說你不怕寂寞、不怕孤獨。放大格局，懂得合作，不再抱怨，虛心學習，就是你的成功之路。

當我們上餐廳吃飯，看著熱騰騰的美味佳餚，我們總忘了感謝在廚房煎熬的廚師們。殊不知沒有用愛的爐火烹煮出來的食物，從來不可能有回甘的香甜。

當我們上廟宇、教堂敬拜神明的同時，仰望莊嚴的佛神像，燒著

裊裊上傳天庭的香火，我們總忘了感恩常駐於寺院的師父、神父、廟公、義工與神職人員。殊不知沒有用愛灌注的空間，從來不可能有靈性的駕臨。

當我們躺在美容床上，享受者五感六覺的安撫，療癒無始以來的創傷，我們總忘了以敬重的眼神與微笑，擁抱為我們燃燒身心靈的美容工作者。殊不知沒有用愛的雙手、謙卑的軀體、靈性的投入，從來不可能有完美體驗的感受。

這一切愛的傳遞者犧牲著青春，沒有奢求。我們卻不能無知到沒有丁點愛的回報。給他們一個真誠的感激，一句來自心底的感謝，您可以想像，下一次的遇見必然更加精彩。因為您也激勵了他們的靈魂與熱情。

錢

錢是個美妙的物質，
可以兌換各種價值，
在沒有萬能的前提下，也算萬能。

錢換不回時間、歲月，
錢換不回重新來過，
錢換不來真情對待，換不來健康與生命，
錢換不來因果的一切。

錢卻不斷困擾著人的一生，
有時錢是天使，有時卻又是惡魔，
錢早已是人類社會解不開的枷鎖。
既然錢如此重要，
該如何獲得與運用，確實是門大學問。

當你做自己該做的，自己能做的，
願意為蒼生付出，願意為人類奉獻，
願意從善如流，願意不斷練就紮實的各種功夫，
即為開啟財富之門的關鍵。

如此廣開納財之門後，
運用智慧力、應變力、執行力、凝聚力、影響力、感動力等各種
正能量之力，

你必然能在財富上不虞匱乏，
去除貪慾、嗔恨心、愚痴之行，
人有善願，天必從之。
其餘，盡人事聽天命，隨緣之。
因為，你將永遠不知，
錢會突然從哪個門來，又從哪個門去。

錢，是我們暫用的工具，「需時納之，必時用之，隨緣捨之」，
來去自在，方為錢之本性。
錢，在生命中，本來就不是我們的。
「愛祂，就不要困著祂；懂祂，就不要被祂困著」。

天然的真相

　　神話故事裡，神用六天創造了世界，第六天創造了人類。

　　地球經歷了 45.5 億年，與所有的生命以及大自然的一切和平相處。即使有過無數次的爭戰，有過數次的氣候扭轉，有過物種的物競天擇，有過各種生命的改朝換代。但生生不息的現象，從來沒有在地球上消失過。

　　而今，人們只用 100 年的時間，完整的破壞了平衡，讓這地球隨時危在旦夕，讓這地球滿目瘡痍，讓這地球怒吼，甚至已經到了必須與人類玉石俱焚的狀態。

　　人類用所謂的科技，將空氣、河川、海洋、大地嚴重汙染，享受著所謂的尖端，包含現在的電腦與手機通訊。

　　人類用化學建構了表象的美麗，如同裝潢過的房子，在木作、壁紙、塗裝所展現的淺薄之美，禁不起任何的震盪。汙水排放的管線被牆面包裹，糞便從上往下流竄的路程，可能就經過了你我睡覺時頭擺放的兩旁。在夜裡輕輕聽到的排水聲，可能是比咱們高上兩層樓的鄰居之夜半肚子不順暢。

　　科技著實令人震撼。卻在科技迷失的時代裡，我們漸漸發現回歸自然的重要性。我們進入了賣場，瀏覽與觀望著架上，我們在問，到底除了這些蔬果，哪些可以真正歸類為天然。

　　蔬果說：「我其實有很多農藥，需要洗乾淨才能安心吃。」

　　越來越多的糧食說：「其實我可能是基因改造的傑出者，但你不一定吃了沒問題。」

美容清潔保養品說：「其實我能放在這裡那麼久，還能讓你買回去用一陣子，你說我如何天然。」

廣告標示的是企劃人員寫的，這些文字遊戲不是法令所能輕易破解，即使法令已是吹毛求疵。

有機的標示是廣告常用的技倆，但究竟什麼是有機？認證是否就真正把關？難道就沒有機會造假？

咱們開始慌了，開始茫然，到處找尋可以信任的對象，想要問問真相。誰知人心人性也不天然了，因為亮麗的視覺中，已經不容易找到「真正天然的臉龐」。

原裝出口

臺灣的歷史包袱壓在部分人的心中，傳在些許人的口中，烙印在多數人的靈魂。

似乎臺灣總是沒有脫離殖民地的陰影，除了唐山過臺灣的華人，更經歷了西班牙、荷蘭、日本的多年統治，總陳述著臺灣像是個次等的空間，至今舶來品上「原裝進口」這四個大字，滿足了所有虛榮心靈的爭先恐後。著實讓人覺得悲哀、可笑，甚至噁心。

是因為臺灣太無能，還是洋人太厲害？

管他東洋或西洋，只要是洋人，似乎就高尚許多。滿嘴愛臺灣，卻總做著傷害臺灣人的事，丟臺灣人的臉。只爭論著釣魚臺是誰的，卻完全沒有與人抗衡的能力。

軍事、經濟不振奮，只求福利好，不管產值高不高；只想薪資漲，不管能力好不好；只談自由不當兵，科技武器不操勞；兄弟們，咱們照照鏡子，誰會理你？

我們說我們愛臺灣，我們拿什麼來愛？我們說臺灣人站起來，我們卻依舊翹著二郎腿；我們沒有自我認同、自我爭氣，自己給自己機會，我們確實不堪一擊。

我們爭取國際認同，唯一的方式就是「壯大自己」。竟然由別的國家人民投票，決定臺灣究竟是什麼。難道，你我是不是人，還得別人來同意？

美容產業崇洋媚外的心理，從來沒有停過。即使臺灣製造的優良商品，也要假裝是進口的，深怕消費者不買單。

　親愛的同胞們，化妝品產業不是什麼了不起的高科技，只要將適當原料適當的調配，不亂添加黑心物質，那麼臺灣廠商所能提供的配方，肯定是最適合臺灣人的皮膚。

　原料來自全世界各地，配方從來就不是什麼了不起的祕密，臺灣人在創造自己的商品時，其實應該更添加一些元素，必然能夠產生更好的效果。

　加什麼元素？「愛」、「真誠」、「信心」、「堅持」、「勇敢」、「奉獻」。

　也拿掉一些變因，那就是「謊言」與「貪婪」。

　您會發現，美容產業絕對是臺灣可以跨足世界，具備競爭力的強大體系。因為臺灣人的本質，最不缺的就是「創意」。

　不只商品，還有技術；不只創意，還有精神。

　愛臺灣，從你我開始做起，我們要運用全世界的資源，從臺灣「原裝出口」！

皮肉相連

當你問美容師皮膚分成哪幾層？
有人是這樣回答：「表皮、真皮、皮下組織。」
也有人這樣回答：「角質層、透明層、顆粒層、有棘層、基底層。」

其實這樣的回答都不算錯，只是也不盡然了解，也容易出錯。
今天讓您一次簡單地深入淺出談談皮膚！當你大致了解皮膚之後，您對於保養品所標榜的廣告文字就大致可以分辨是否合理！

消費者了解皮膚結構能增加消費安全性，美容師了解皮膚結構能提升說服力，在知識經濟的時代這一切顯得更加重要！
如果要我來談皮膚，上過我專業課程的同學們都會知道，帶上手勢的說明會比圖表說明更加生動而提升了理解與記憶！

我們來看看皮膚的整個縱切面，大致上如此下來：表皮、真皮、皮下組織、肌肉、骨骼。您會說肌肉、骨骼和皮膚有什關係？恰似沒關係，其實關係可大了！很多人甚至不知道肌肉、骨骼的位置，如此所提出來的美容原理怎可能會是正確的？

皮肉相連──這個概念很重要，因為肌肉黏在骨頭上，皮膚又依附肌肉生長，沒了肌肉，皮膚如何能定型？因此皮肉相連、唇亡齒寒，密不可分！然而真的屬於皮膚的部分卻只有表皮與真皮，皮下組織顧名思義也已經在皮之下了！
皮膚在人體的最外層，如果要說皮膚的功能，那最大的功能就是

——保護與美觀！皮膚的保護機制除了角質層以外，其實就必須從細胞談起，而皮膚的美觀那就更必須從皮膚的細胞開始照顧起，否則一切的作為不是本末倒置，就是只治了標而沒治本！我們將在皮膚細胞好好地向您分析。

那角質層、透明層、顆粒層、有棘層、基底層又是什麼東西，其實這是皮膚的表皮大致上的分層，並不包含真皮！因為，真皮另分乳頭層、網狀層。

很多人在表皮的分層經常記不起來，筆者在此向您分享易懂易記的最佳方式。其實表皮的這些分層正是皮膚表皮向外代謝的歷史紀錄，因此我們可以把他看待成人類成長的過程。

1. 當我們剛出生的時候，宛如萬丈高樓從地起的基礎，這時我們稱之為「基底層」。
2. 慢慢成長之後進入青少年階段，這時的情境總是鋒芒畢露、有稜有角，此時我們稱之為「有棘層」。
3. 經過了一段時間的歷練後，開始懂得處世的圓融，此刻即為「顆粒層」。
4. 在經過歲月的洗禮，越來越多的喜怒哀樂、悲歡離合，慢慢看透了生命的歷程，此刻的心境透明清澈，進入「透明層」。當然，雙手雙腳所接觸過的折磨特多，有真正足夠的資歷，因此只有手掌、腳掌才有這一層。
5. 這世間終究成住壞空、生老病死，最後進入了長江後浪推前浪的階段，此刻就是皮膚新陳代謝的終點站——「角質層」。

表皮每一層都有其特色與功能，包含真皮之「乳頭層、網狀層」，這每一層在皮膚的保護機制上，都是為我們層層把關的大功臣！

油水雙腺

　　液體物質分類經常分為水性和油性，腺體所分泌的物質同樣分為水性和油性，皮膚中的腺體也是如此，並且明確區分為油水雙腺，油腺（皮脂腺）、水腺（汗腺），這樣的說法您肯定第一次聽，但是將讓你永遠難以忘記！

　　這個油水雙腺造就了皮膚真正最外層的保護機制，你會說皮膚最外層的保護不是角質層嗎？是的！那是你看得到的！另外，還有一層，你看不到卻感覺得到，並且不容忽略，這就是你應該聽過的──皮脂膜！

　　皮脂膜是由皮脂腺分泌的油脂、汗腺分泌的汗液還有角質細胞代謝產生的 NMF（天然保濕因子）所共同組成，這一層以油為主體的皮脂膜在健康的身體、健康的皮膚下，維持著一個穩定的酸鹼度（pH5~6 之間），如此的酸鹼度讓有益菌蓬勃發展、有害菌無法生存！這就是為何市場上經常在說平衡酸鹼值的重要性！

　　然而，在這樣忙碌壓力的社會生活下，不正常的飲食睡眠作息都將影響油水雙腺的正常分泌以及角質細胞的正常代謝，皮脂膜酸鹼度的穩定性當然勢必降低！因此皮膚就容易產生疾病、敏感等問題。尤其在冬季的時候，天氣乾燥造成皮膚更乾。這時，如果再以熱水洗臉洗澡，皮脂膜就更易破壞，因此「冬季癢」的現象就產生了！

要改善這些現象不是只塗一些油性的乳液或霜類就能改善，應該在上這些乳液或霜類之前，先以植物萃取液為主體的活膚水先行潤濕肌膚，如此有助於皮脂膜酸鹼度的平衡。並且也因為將皮脂膜水性化了，因此油性、水性的成分都能較順利地進入皮膚，達到保養的目的。

　油水雙腺的重要不只在這裡，當油水雙腺不暢通時，體內及皮膚熱氣無法散發，就會造成類似發燒、悶熱昏沉的現象，身體會很不舒服。因此，油水雙腺一定要保持暢通，否則還有更多的問題等著你。

1. 皮脂堵塞，痘痘叢生（這算小問題）。
2. 油水雙腺不順暢，體內毒素缺乏管道排出，造成身體各種疾病。（這算大問題了吧！）

　當然，想要維持油水雙腺的暢通，有三項事情是必須特別注意的，請各位牢記：正常睡眠、清淡飲食、適度運動。

　這樣的生活習慣將能幫助各位擁有一個油水適度的亮眼肌膚，並且身心舒暢。

層層把關

皮	層	說明
表皮	角質層	1. 角化的老化細胞，隨時預備脫落； 2. 角質細胞從基底層到角質層必須 14 天，再從最下層的角質層到達最外層至脫落又必須 14 天，剛好符合人體的生理週期； 3. 然而有人生理混亂，當然角質細胞的代謝也將隨之混亂； 4. 作息不正常、生病、老化都會造成角質代謝失常，因此才有去角質的出現，從這邊看來我們不難發現，現代皮膚沒有一個是真正正常的。
	透明層	1. 此層皆由透明物質所組成，對物理性的刺激較為遲鈍、化學性的傷害較能承受，因此對熱冷酸鹼等變化較能適應； 2. 只能在腳掌、手掌上明顯觀察到，腳要走路，手要拿東西、做很多事，耐受力必須強過其他部位的肌膚，由此可見造物者之巧妙安排。
	顆粒層	1. 已經是逐漸老化萎縮之細胞，為角質層前身； 2. 大約只有一兩層。
	有棘層	1. 表皮中最厚的一層，也屬於年輕有活力的一層； 2. 淋巴液可以到達，因此可以稱為皮膚淋巴系統的最外端； 3. 專管表皮免疫系統之蘭格罕氏細胞，就大量分布在此層。

表皮	基底層	1. 緊鄰真皮中之乳頭層，如同母親孕育胎兒，由乳頭體之微細血管供給營養予此層的細胞，以為細胞分裂所需之能量； 2. 黑素細胞坐落於此，分泌黑色素以供角質細胞防禦紫外線之功能。
真皮	乳頭層	1. 真皮層之外層； 2. 連結表皮之基底層，供給表皮所需營養。
	網狀層	1. 真皮層之內層； 2. 紮實的網狀結構，讓皮膚飽滿有彈性，主體為膠原蛋白、彈力纖維、黏多醣體等高分子物質，這些高分子物質都是親水性高吸水力的物質； 3. 皮膚是否有皺紋、是否深層保水，關鍵就在這一層。
皮下組織		1. 纖維交叉之組織，由大量脂肪細胞所組成； 2. 人體能量集散地，細瘦豐腴與否的決定關鍵。
肌肉		皮膚無法自行運動，一切的運動來自肌肉組織的牽動。
骨骼		骨骼如同建築物的鋼樑骨架，是全身支撐力的根源。

以上為皮膚由上到下、連結肌肉骨骼的層層順序。

皮膚細胞

　　我們過去都在談皮膚有哪些層，其實這些意義不大，因為這些皮膚層都是由各種細胞建構而成，而深入了解這些細胞的功能，才能真正知道皮膚的運作機制。當皮膚出現問題時，也才能夠對準目標對症下藥，否則皮膚的理論就只是理論，對美容專業的協助沒有實質上的任何幫助！

　　筆者觀察研究原文和翻譯的皮膚美容的相關書籍，發現這些書籍對於美容從業人員而言太過艱深，如果能夠看得懂並且看得下去，應該會有些許幫助。但這對美容產業的芸芸眾生而言，實在是一種折磨！因此筆者為了讓各位能夠快速明白皮膚細胞的運作模式，特別整理此文章！

■ 皮膚細胞簡表

皮層	細胞	說明
表皮	角質細胞	抵擋物理和化學性傷害
	黑素細胞	製造黑色素抵抗紫外線
	蘭格罕氏細胞	免疫機制的雷達系統
	觸覺細胞	判別來者何方神聖的觸角
真皮	纖維細胞	生產真皮層之基質
	肥大細胞	免疫機制的反應系統
	巨噬細胞	防疫機制的武裝部隊
皮下組織	白色脂肪細胞	儲存脂肪
	棕色脂肪細胞	產生熱量

　　上述皮膚細胞簡表，已經大致將皮膚之表皮、真皮、皮下組織裡

的細胞作用簡單說明。但,以下將給各位更清楚明白的剖析。

1. 皮膚是人體最大的器官,在人體的表象。雖說內涵很重要,但是沒了這個表象,便完全無法維持內在器官的正常運作。因此你應該聽過,全身超過 70% 燒燙傷的人,基本上很難活得下去。因此您可以明白,皮膚的最重要功能就是保護!

2. 表皮有角質細胞、黑素細胞、蘭格罕氏細胞、觸覺細胞。

3. 角質細胞造就皮膚的最外一道防線,形成角質層和 NMF(Natural Moisture Factor /天然保濕因子),抵擋外來物理和化學性傷害。

4. 黑素細胞製造黑色素,丟給年幼的角質細胞抵抗紫外線,因此當陽光照射進皮膚後,就會促進黑素細胞生產黑色素,當角質細胞接收之後,向外代謝時就會呈現越來越黑的現象。當黑色素剛形成時,這時是沒有顏色的(從基底層到角質層之間這一段,約 14 天),此刻我們稱為「還原態黑色素」,當黑色素進入到角質層後,即成為黑色的黑色素(從角質層最下面的那層到最外層,約 14 天)。

5. 以上這一段說明了為何美白療程在初期反而可能更黑的原因,因為當黑色素不是被還原或分解而是被加速往外代謝時,這時更黑是正常的。但是,如果是因為不當療程(例如脈衝光、雷射、果酸、A 酸之類),皮膚被傷害而產生的皮膚更黑甚至生斑,就不是如此了,那將可能產生難以挽救的結果。

6. 蘭格罕氏細胞有如皮膚免疫機制的雷達系統,當有外來物侵入皮膚時,蘭格罕氏細胞會判別此外來物是敵軍或友軍。若為友軍,那就不會產生什麼反應;若為敵軍,蘭格罕氏細胞就會向相關單位傳達異物入侵的警訊。因此當皮膚缺水而導致神經傳遞錯亂時,友軍也會變敵軍、敵軍也會變友軍,這種過度反應的現象就是過敏現象。

7. 觸覺細胞為肌膚判別外來者究竟為何方神聖的觸角，因此即使黑暗中當你觸碰到異物時，你可以直覺反應這是什麼東西，對肌膚、對人體不會有傷害。就像當你的手碰觸針狀類的尖峰，你會及時將手收回，這就是觸覺細胞的保護機制。

8. 真皮有纖維細胞、肥大細胞、巨噬細胞。

9. 纖維細胞生產真皮層之基質，生成彈力纖維、膠原纖維、黏多醣體、玻尿酸等基質，這些基質讓皮膚水嫩、有彈性，堪稱為皮膚最重要的物質。

10. 我們經常聽到的「活化細胞」，活化的究竟是哪個細胞？其實主要所指就是纖維細胞。當纖維細胞退化時，生產基質能力就會減弱，皮膚之缺水、敏感、皺紋就迅速產生，這就是肌膚的老化了！因此，活細胞主體意義就是活化纖維細胞！

11. 肥大細胞是皮膚免疫機制的的反應系統。當肥大細胞接收到來自蘭格罕氏細胞所傳達異物入侵的警訊時，肥大細胞就會製造組織胺（histamine），當組織胺與組織胺接受體結合時，就會產生一連串的生化反應，紅腫熱痛癢的現象就因應而生，告訴人們要趕快注意自己的皮膚或身體了！這就是大家都聽過或遇過卻並不清楚的「過敏反應機制」。

12. 巨噬細胞是皮膚防疫機制的武裝部隊，直接吞噬細胞殘骸及外來微生物，再送到淋巴系統處理。有如國防陸海空三軍應付不同敵軍所可能產生的各種可能的攻勢。

13. **皮下組織主要的細胞就是脂肪細胞，但是又分白色脂肪細胞與棕色脂肪細胞，白色脂肪細胞負責儲存脂肪、棕色脂肪細胞負責產生熱量。**

以上簡單的皮膚細胞論述，希望讓各位對於皮膚的運作機制方面，有一個較深入淺出的了解。當然，請你進入「美容八大原理」的每一個章節，你將會越來越豁然開朗！

八大原理洞悉美容

　　美容專業如果要深入，那還真不是一本書所能寫得完，但是經常運用的方法與理論，卻是可以用八個字來形容——潔、濕、曬、老、敏、白、痘、身！

　　這就是美容界的八大課題，潔（清潔）、濕（保濕）、曬（防曬）、老（抗老）、敏（抗敏）、白（美白）、痘（治痘）、身（塑身和美胸）。消費者想處理的就是後面五項，而前面的三項正是所有任何保養都必須注意的基本程序。洞悉這八大原理等於洞悉美容一點也不誇張！而這八大課題的息息相關、連鎖效應卻也肯定讓您嘆為觀止！重要原理與注意事項，筆者重點解析如下：

✦ 清潔

1. 清潔不當易破壞皮脂膜，進而造成缺水、皮膚敏感、細菌容易滋生、防曬難以落實，自由基攻擊細胞和膠原蛋白，皺紋因應而生，細胞也開始老化，再生能力減弱。

2. 石化成分易造成皮膚病變，進入循環系統帶到全身引發癌症，因此要選擇較天然的配方。

✦ 保濕

1. 淺層保濕不確實，破壞皮脂膜，進而造成缺水、皮膚敏感、細菌容易滋生、防曬難以落實、自由基攻擊細胞和膠原蛋白，皺紋因應而生，細胞也開始老化，再生能力減弱。

2. 深層保濕不確實，肥大細胞易錯亂釋放組織胺，過敏現象迅

速產生，纖維細胞容易退化，再生能力減弱，產生皺紋，失去彈性。

✦ 防曬

防曬不確實，就會：

1. 加速產生黑色素；
2. UV 光引發自由基，細胞易引發病變；
3. 蘭格罕氏細胞、肥大細胞病變引發過敏；
4. 角質細胞、纖維細胞病變引發缺水、老化；
5. 皮脂腺、巨噬細胞病變引發痘痘。

✦ 抗老

1. 清潔、保濕、防曬，絕對是抗老的第一步驟；
2. 抗老不確實，皮膚缺水敏感因應而生，皮膚缺水感覺就不緊實，不緊實就看來較黑且缺乏彈性；
3. 治痘過程亦必須小心抗老活化的補強，否則治痘過頭將皮脂腺、角質細胞、纖維細胞給破壞了，將會造成老化提前報到；
4. 細胞退化所有問題將產生，黑素細胞不正常代謝，蘭格罕細胞、肥大細胞過度反應、巨噬細胞防禦力減弱，纖維細胞無法再生膠原蛋白、深層無法鎖水神經傳遞容易錯亂（敏感）。

✦ 抗敏

1. 清潔、保濕、防曬絕對是抗敏的第一步驟；
2. 抗敏主在重建、調理、修復、活化、保護細胞；
3. 因此除了清潔、保濕、防曬必須注意外，亦應重視抗老；
4. 治痘、美白療程若不小心，常可能破壞細胞與皮脂膜、

NMF、膠原蛋白等保濕結構，因而造成過敏。

✦ 美白

1. 清潔、保濕、防曬絕對是美白的第一步驟；
2. 抗老不確實，黑素細胞容易破壞而造成異常，因此將產生膚質變黑或色素沉澱；
3. 美白亦可從保濕與緊實抗老著手，當皮膚水亮、緊實時視覺上就是一種白；
4. 而因為保濕與緊實自然敏感現象就減少；
5. 角質代謝不良、痘疤、粉刺都容易造成皮膚暗沉。

✦ 治痘

1. 清潔、保濕、防曬，絕對是治痘的第一步驟；
2. 角質代謝不良、痘疤、粉刺都容易造成皮膚暗沉，從此下手亦為美白一法；
3. 治痘療程若不小心常可能破壞細胞與皮脂膜、NMF、膠原蛋白等保濕結構，因而造成過敏；
4. 治痘過程亦必須小心抗老活化的補強，否則治痘過頭將皮脂腺、角質細胞、纖維細胞給破壞了，將會造成老化提前報到；
5. 當身體的代謝正常，內分泌亦會調整，痘痘自然減少。

✦ 塑身和美胸

1. 塑身和美胸首重促進循環；
2. 循環順暢細胞方能活化、抗老，肌膚緊實自然較白；
3. 當身體的代謝正常，內分泌亦會調整，痘痘自然減少；
4. 清潔、保濕、防曬亦是塑身和美胸的基本要素。

美容八大原理之一 —— 清潔

清潔做得不好、做的方式錯了，或是使用的產品不對，都將會有一個令人震撼的結局，就是所有接下來的保養品都不再代表任何意義！因此我們説美容保養的根基就是清潔！如同小孩的誕生，根基沒顧好，抵抗力、體質都會變差，長大後再吃什麼鐵人運氣散之類，似乎也很難彌補其不足了！否則為何現代人鮮少有過去的四、五十年前的營養嚴重不足所產的發育不良。因此要做好美容保養的動作，從外在來看，沒有比清潔與保濕更重要的了！

過去我們常常聽到這支清潔用品不含皂、不傷肌膚，其實如果其中所含的石化介面活性劑用量不當，對皮膚的傷害是其次，對身體隱藏的傷害才是嚴重。因為介面活性劑進入人體後，將可能導致疾病的產生，也降低了皮膚的免疫力，加速皮膚細胞的老化的速度。

因此提出皮膚清潔注意事項供各位參考：

1. **不要使用含石化介面活性劑的清潔用品，包含洗臉、洗頭、洗身體。**用劣質沐浴乳不如不用肥皂，但清潔臉部不要用肥皂，盡量使用天然的潔膚成分，其實很多植物都能提煉出天然的成分，但是當然要請教專家才可靠。

2. 化妝水的選用也很重要，當然也有高級化妝水產生的附加價值，進入爽膚、活膚的層級。活膚水的功能可以平衡皮膚之 PH 值於 5.5 左右，為何這個部分很重要？因為如此的酸鹼度**將使皮膚之有害菌無法生存、有益菌蓬勃發展！**另外，運用活膚水將皮脂膜水性化之後，就能讓保養品中水性成分和油

性成分同步進入皮膚中，而不造成塗也白塗、抹也白抹的結果。當然，萬一您剛剛清潔的動作不夠徹底，活膚水也有一個再次清潔的功能。

3. **去角質是眾所皆知卻易忽視的重點，但過與不及皆不當。**皮膚角質層大約可以再分 25 層，有時最外層已經過度老化卻無代謝掉，將造成皮膚無法順暢呼吸。去得太過便會衍生敏感性膚質，當然毛孔的角化也必須疏通，否則一旦堵塞，痤瘡（俗稱青春痘）就會生成。因此，適當卻溫和的去角質是必須特別注意的。去角質如果進入到換膚的程度，例如以果酸、A 酸處理，那就更必須格外小心，以免造成無法彌補的缺憾！

4. **面膜除了能將保養成分強迫性帶入皮膚之功能外，亦能將深層的汙垢和廢物強力帶出，**此原理如同憋氣時，肺部越想呼吸而將痰液排出的道理。

5. **清潔重點不在次數的多寡，而是在於每次的清潔是否徹底正確，**否則油性肌膚越洗將出越多油，因為皮脂膜被破壞後，就會讓皮脂腺分泌更多的油脂。敏感性的肌膚更需慎選清潔用品，以維護已經脆弱的肌膚。

美容八大原理之二 —— 保濕

　　清潔不當就無法保濕，可見清潔的重要！保濕就是令皮膚鎖水、不乾澀！保濕沒做好，不但成為乾哥、乾姊、乾爸、乾媽，更會引起皮膚暗沉、敏感、老化、病變，可見保濕的舉足輕重！

保濕又分表層保濕和深層保濕，分述如下：

1. **表層缺水會引起蘭格罕氏細胞神經傳遞錯亂**，導致過敏，紅、腫、熱、痛、癢的現象都可能發生。

2. 表層缺水也起因於皮脂膜、角質層被過度破壞而造成水分的流失，追本溯源又是清潔的不當。

3. 已經產生表層缺水、乾澀時，此刻必須更加謹慎地使用保濕精華液、面膜或霜，但是如果使用過油的產品，卻會產生毛孔阻塞，反而造成乾澀卻滿臉痘痘的悽慘景象。

4. 巧妙地將 NMF（天然保濕因子）補足、修復皮脂膜、角質代謝正常化，就是表層保濕的原理。

5. **深層缺水的直接現象，就是皺紋的產生，因此深層缺水就是老化的象徵**，真皮層的膠原蛋白、彈力纖維、玻尿酸（醣醛酸）迅速流失卻來不及自給自足，根本的解決之道就是活化纖維細胞，因為纖維細胞正是膠原蛋白、彈力纖維、玻尿酸等的製造工廠。當這些重要保濕物質充分時，皮膚自然少了皺紋、多了彈性！

6. 但是活化的速度畢竟緩不濟急，否則小針美容（從矽膠、膠原蛋白、肉毒桿菌素至最近流行的玻尿酸）、脈衝光、奈米光等噱頭性十足之醫學美容產品為何如雨後春筍般地產生？

不就是迎合時下速食主義的需求嗎？

7.　不過，**速食飲食造成疾病、速食愛情造成悲劇、速食美容也經常發生慘案**！如何慎選正確的方式，是現代消費者花錢之前所必須最重視的課題！

8.　那如何會是最安全的呢？不需打針、不需吃藥、不需儀器、不需求神，又安全、又快速、又便宜的產品有沒有？當然這是美容界應該努力的方向！但是，穩紮穩打的基本功，才是最根本的美容之道！

美容八大原理之三 —— 防曬

防曬千萬別只防 UVA 和 UVB ！人類破壞了大自然，大環境已經開始怒吼。

過去大家都說 UVC 在臭氧層就被吸收了，因此不會來到地面造成皮膚傷害，然而這些認知早就該成為歷史了！

因為臭氧層越破越大洞了！ UVC（200nm~280nm）的傷害力已經不亞於 UVA（320nm~400nm）和 UVB（280nm~320nm）！

太陽溫暖了大地，大地孕育了生命，沒了太陽就沒了未來，沒了陽光就沒了希望，因此我們必須和太陽作好朋友，只是好朋友偶也會傷害我們，並且傷害得不知不覺、傷害得比任何人還深。

過去大家都說防 UVA 防曬黑、防 UVB 防曬傷，現在我們應該有一個最新的認知──全方位對抗 UV 光！

保養品防曬的原理分為物理性與化學性兩種，以下表分別為各位說明：

■ 防曬優劣比較表

類別	物理性防曬	化學性防曬
原理	反射和散射紫外線	吸收紫外線
說明	讓紫外線無法進入皮膚	吸收紫外線，而讓非紫外線通過
成分	無機粉體，最常用的為二氧化鈦（TiO_2）、氧化鋅（ZnO）	1. 主要為化學合成之酯類 2. 亦可為天然植物性成分

優點	不會對皮膚產生化學傷害	不造成毛孔堵塞和阻礙皮膚呼吸
缺點	1. 阻塞毛孔 2. 有礙皮膚呼吸	1. 可能會因用量不當或膚質過敏 2. 引起化學性的傷害 3. 吸光之後產生的熱能造成熱之二度傷害
改善	高結晶化，即可增加透氣性	不易吸收、不溶於水、無毒不刺激、運用純天然的配方

綜上所述，我們不難發現物理性防曬與化學性防曬各有其優缺點，然而如何的配方才是最佳選擇呢？以下給各位一個最簡單的建議：

1. 雙管齊下（物理性和化學性防曬之配方共用）
2. 但應以物理性防曬為主體，效果較明顯。卻也必須以高結晶化的二氧化鈦或氧化鋅之粉體，千萬別以為奈米化就是好的，因為粉體太細被吸收了，堵塞毛孔可不妙！
3. 當粉體高結晶之後，通氣性變佳，當然也可能產生紫外線的漏網之魚，因此以純天然的植物性紫外線吸收劑彌補，如此就是一個完美的防曬機制了！

美容八大原理之四 —— 抗老

　　自由基的傷害，造就了老化肌膚。誰不怕老？

　　男人希望活得久一點、猛一點，尤其有成就的男人必然如此！害怕辛苦得來的一切，隨著生命的消逝不再擁有，因此總是千方百計尋求祕法，期盼自己是世界上唯一的例外——長生不老！中國第一個皇帝秦始皇如此，全世界最強悍的征服者成吉思汗更是如此！

　　女人希望活得高貴一點、美一點，所有的女人都一樣，害怕自己的外型醜態百出，害怕自己的愛人熱情不再！

　　男人重視體力，女人重視外型，其實都一樣，外表蒼老體能很難太好，器官衰敗外型更難美俏！一切都看得出來！就讓我們開始來探究這看得出來的皮膚老化！

　　分析皮膚老化之原理，其實主要有兩大因素，一個是紫外線的傷害（我們稱之為光老化），另一個是因為細胞疲乏所產生的自然退化。這兩種原因都會造成皮膚組織代謝循環不良，進而細胞缺乏能量而產生自由基，而這自由基就是造就老化肌膚的根本原因！

　　何謂自由基？自由基是英文「Free Radical」的直接翻譯，沒深入化學或物理的人很難真正理解！因為學理上的解釋就是：自由基就是具不成對電子之分子、原子或離子！唉！這誰看得懂？因為行銷企劃人員都忘了將複雜簡單化，保健食品如此，化妝品也是如此！以為寫一些別人看不懂的就是專業，真是太好笑了！今天就讓各位一目了然吧！

其實簡單的說，自由基就是一種極不穩定、攻擊性甚強的物質！自由基攻擊細胞組織後，便會造成傷害和疾病，堪稱為萬病之根源！更可怕的是，自由基會產生連鎖效應，進而產生越來越多的自由基！產生越來越大的破壞力！

當皮膚的代謝循環不良時，自由基會攻擊膠原蛋白使其流失，也會攻擊纖維細胞，使其無法產生膠原蛋白、玻尿酸，更會攻擊皮膚所有細胞，使其無法正常運作，進而使皮膚無法鎖水、代謝循環更不良，導致皮膚缺水、皺紋、敏感、脆弱之相關問題因應而生！所以您說是不是自由基的傷害造就了老化肌膚？

因此，知道了老化之根源，那麼我們就不難理解皮膚抗老之原理，筆者簡單整理如下，提供各位參考！

1. 循環：促進血液及淋巴之循環；
2. 排毒：清除自由基；
3. 補充：補充真皮層之膠原蛋白、彈力纖維、黏多醣體，使皮膚恢復緊實與彈性；
4. 鎖水：補充表皮層之 NMF 及強化皮脂膜之鎖水能力；
5. 活化：活化纖維細胞使其能產生膠原蛋白、玻尿酸、彈力纖維，活化皮膚所有細胞使其正常運作以達成自我防護之能力；
6. 保護：防曬（防止紫外線之傷害），補充自由基清除劑使自由基不傷害皮膚，補充微量元素、維生素，使細胞中消除自由基之酵素（SOD、GSH-px、Catalase）正常運作。

以上所述之抗老六大程序——循環、排毒、補充、鎖水、活化、保護，若能確實執行，並且選擇良善的保養品，聽從專業美容師的建議落實保養程序，並且持之以恆，加上正常的生活作息、飲食和

運動，如此一來，不敢說越來越年輕，至少您也不會看起來越來越老了！

　　愛美的您千萬不要衝動，以為打針吃藥就能快速並且永久改善，趕流行注射玻尿酸、施打肉毒桿菌！這可能改善一時的樣貌，卻更可能衍生更多美感上的變數！

美容八大原理之五 —— 抗敏

敏感的根源來自於皮膚缺水。其實很少人天生敏感，先天性過敏的機率很小，因為那都是病態的遺傳性基因所造成，大多的敏感都是來自後天的失調和不當的處理，才會形成敏感性體質，皮膚的敏感當然也不例外！

皮膚敏感之原理簡單來說只有一句：因為缺水導致的神經傳遞錯亂！

當皮脂膜和角質層被過度破壞時，皮膚最外防線消失，就會導致表皮層缺水！當真皮層之膠原蛋白、玻尿酸、黏多醣體、彈力纖維流失，而此時纖維細胞生產這些物質的速度也太慢時，真皮層就會缺水！管它是表皮層或真皮層缺水，此時電解質無法正常分布，神經傳遞就會產生錯亂！

現在我們先來談談皮膚的防禦機制，當外來因子侵入皮膚時，表皮之蘭格罕氏細胞偵測判斷後，覺有異樣就會將訊息傳遞給真皮層之肥大細胞，肥大細胞隨即釋放組織胺，組織胺與組織胺接受體結合後，一連串的生化反應就會產生紅、腫、熱、痛、癢等現象！

如果確實是不利於人體的物質，那這是正常的防禦機制，但是神經傳遞錯亂時，友軍也會被誤判為敵軍，如此一來很多外來因此都會造成皮膚的過度反應，這就叫做過敏！

而此刻的外來因子即成為敏感因子！（當然，過敏現象在醫學上還有另外一層更深入的解釋，例如藥物過敏甚至會導致死亡。）

　　這一切的現象究竟為何會發生，清潔不當、過度去角質、曬傷是最常見的因素，但破壞性除斑、除皺、除痘和藥物的濫用，更可能造成難以彌補的遺憾！其實果酸、A酸都是好東西，但是濃度、時間控制不當，都會造成過度迫害！因此美容師除了要提升療程之謹慎度外，更必須給消費者有一個正確的認知，千萬不要什麼都求快！因為「欲速則不達」應該大家都聽過吧！一旦問題已經產生，卻也不能亂了陣腳！正確的處理程序，現在向大家分享！

・美容保養抗敏六程序：

1. 安撫：安撫患者之情緒，因為情緒如果不穩定，將會加重敏感現象的發生；

2. 鎮定：以物理性或化學性方法解除皮膚紅、腫、熱、痛、癢之現象，適度的冷敷效果很好，但不是直接拿冰塊放上去；抗敏性的成分也很有助益，最有名的應該就是洋甘菊（不是陽柑橘），既然提到這裡，也給各位一個洋甘菊的專業知識：洋甘菊又分藍洋甘菊（德國洋甘菊）和羅馬洋甘菊，而這兩種品種目前最佳的產地來自匈牙利，而不是德國和羅馬；

3. 補水：補充表皮層之 NMF（天然保濕因子），補充真皮層之膠原蛋白、纖維蛋白、黏多醣體及玻尿酸（醣醛酸），快速補足皮膚所缺的水分；

4. 修護：修護皮脂膜和角質層，此乃重建防止水分流失的最外一道防線；

5. 活化：活化蘭格罕氏細胞、肥大細胞、巨噬細胞，讓防禦機制正常化，而不是過度反應；

6. 訓練：使皮膚慢慢適應與目前導致敏感的敏感因子接觸，如同害怕吃榴槤的人一聞到榴槤味就會想吐，更別說吃了！但是，從榴槤冰開始嚐試，再改成榴槤糖，當你慢慢接受之後，

你還會愛上它，哪來敏感可言！這就是訓練！

當然，外在的處理是如此，如果能夠從體內開始調養，那將是更正確的抗敏概念！同時將毒素（自由基）排出體外，提升所有組織器官的免疫能力，造就 60 兆單位的健康細胞，正式告別過敏三郎的歲月！

美容八大原理之六 —— 美白

　　一白遮三醜，這幾乎是中華民族愛美女性自古以來共同的認知，但我們不要慘白、死白、僵白，只要水嫩之中泛出白裡透紅的白！

　　究竟有多少人知道白皙的祕密在哪裡？為何會黑？如何變白？如何白得健康、白得美？如何避免不肖化妝品商為了牟利所造成消費者皮膚永久的傷害？現在就讓我們共同一起來深入探索。

· 黑色素形成原理：
1. 肝臟中的苯丙胺酸，經過苯丙胺酸酵素催化形成酪胺酸；
2. 酪胺酸再經酪胺酸酵素催化形成 DOPA，再催化形成 DOPA quinone，再經過一連串的生化反應，即可形成黑色素。

　　簡單兩句話，已經將黑色素成形的過程展露無遺。但如果是一般消費者，您肯定依然看不懂；如果您是專業美容師，那就不該不懂，過去的美容教育不是含糊不清就是太過複雜，以上兩句就提供給各位美容師參考參考！

　　其實，關鍵因素是在苯丙胺酸酵素，因此只要將苯丙胺酸酵素「控制」好就能讓黑色素的形成減緩！看到了吧！是減緩而不是消失！因為黑色素雖不美，卻也是保護皮膚不被紫外線攻擊的重要因子，這一切的輕重拿捏，必須靠我們的智慧細細思量。

　　苯丙胺酸酵素是酵素，既然是酵素就是以蛋白質為其主體，另外就是維生素或微量元素充當輔酶，因此想要「控制」苯丙胺酸酵素，可從兩個方向著手。

A. 凝結：

凝結酪胺酸酵素之蛋白質（最常被運用的就是熊果素，但有含量上的限制），讓酪胺酸酵素無法運作，其實蛋白質怕酸、怕鹼、怕熱、怕冷，因此要使其破壞並不是一件困難的事，並不一定得使用熊果素。

B. 螯合：

螯合酪胺酸酵素之輔酶——銅離子（最常被運用的就是麴酸，只是已被禁用），將銅離子抓住不使其運作，酪胺酸酵素就無法產生功能，現今的生物科技早就有更多的新配方出現了。

以上的凝結和螯合是針對為形成的黑色素，但若已經形成的呢？有下列四種方式：

1. **分解**：分解已形成之黑色素，此工作直接以蛋白分解酵素運作即可，因此市面上訴求能美白的酵素，都是蛋白分解酵；

2. **代謝**：加速代謝已形成之黑色素，讓黑色素不需等到角質之汰舊換新，即可將黑色素往外推，早期的胎盤素（人類、牛、羊、豬）運用即是如此，但這背負著病毒感染的風險，口蹄疫、狂牛症、AIDS 應該都不陌生；

3. **還原**：將黑色之氧化態黑色素還原成無色之還原態黑色素，這是一種最快速的白皙方式，但黑色素只是變成無色並沒消失，依然存在皮膚裡，幾天後又會變黑了。左旋維生素 C 是大家耳熟能詳的的成分，就是運用此一機制；（另外告訴大家一個祕密：旋光性為各種有機物質之特性之一，維生素 C 之生物旋光性本來就多是左旋，而右旋維生素 C 量很少！就像維生素 E 多為右旋一般。）

4. **破壞**：直接破壞黑素細胞，使不再產生黑色素。為何對苯二

酚會被禁用？只有在藥物中能使用？原因就是對苯二酚會直接破壞黑素細胞，如此可能造成物極必反皮膚更黑的危險效應，另外也可能產生白斑症，就這樣白一塊在那，如同胎記、母斑，您說美嗎？雷射、脈衝光是當下的超級流行，但斑馬臉、敏感性肌膚您應該都聽說過，在快速美白的誘因下，您背負著多少風險您知道嗎？

若要筆者深入談美白，三天三夜講不完，厚厚的一本書也不一定能夠周詳，因此只能深入淺出地告訴各位一些基本概念，及正確的消費方向！

以下提供各位一個標準的白皙觀，讓您白得健康、白得美！

1. 充足的睡眠，就是所謂的睡美容覺，皮膚的代謝就能夠正常；
2. 多吃蔬果食物，並不是一定要素食，只是素食者想要白確實容易許多，尤其是富含維生素 C 的水果；
3. 少曬太陽當然不容易黑，卻也容易毫無血色，因此應該說做好充分的防曬準備才對；
4. 運動有助新陳代謝，黑色素也較不易沉積，因此適當的運動也是白裡透紅的祕密；
5. 千萬不要貪一時之快，去做所謂的快速美白，一切的後果只能自己承擔；
6. 保養過程保濕最重要，皮膚緊實自然就白皙，沒了水分當然暗沉，因此保濕緊實也是美白的重要程序；
7. 選擇保養品不含汞、不含重金屬已經是基本常識，來路不明的保養品千萬別濫用，品牌的重點不在知名度，而在安全度！
8. 根據前段所述的黑色素形成之原理，除了「破壞」的那項，其餘的凝結、螯合、分解、代謝、還原都是白皙的根本要領。

美容八大原理之七 —— 去痘

　　青春期幾乎人人有過的經驗，那就是惱人的痘痘，為何我不用青春痘這個字眼？因為這種現象並非青春期的專利！

　　痘痘之成因很多，但是我們可以簡單分為主因素和次因素。

・主因素有三大項：

　A 皮脂腺旺盛；B 微生物作用；C 內分泌催化。

・次因素有：

　藥物副作用、化妝品堵塞、精神緊繃、飲食不正常、紫外線、自由基、內臟機能問題、毒素積存等均是痘痘誘發的助因。

　　皮脂腺旺盛和微生物作用，和內分泌催化之連帶關係：

　　微生物產生的解脂酵素，會促使皮脂分解為游離脂肪酸，因而造成毛孔管壁角化過度而阻塞，粉刺因此而誕生。

　　如果毛孔洞口無堵塞，就會形成外乾內潤的黑頭粉刺，此粉刺我們又稱為開放性粉刺，那為何稱為黑頭呢？因為油脂與外界的髒空氣和粉塵接觸而形成黑色乾化脂肪，故稱黑頭。有人以為黑色素所造成，其實一點關係都沒有。

　　如果毛孔洞口堵塞，如此因為與外界幾乎隔絕，不會有風乾和黑化的現象，因此濃稠的油脂形成白條狀，故稱之為白頭。而此刻皮脂腺管深部易缺氧，厭氧性微生物（最多為痤瘡桿菌）蓬勃發展，分解皮脂為游離脂肪酸而導致發炎，紅腫熱痛癢之現象因應而生，若無壓抑，丘疹、膿皰、囊腫等更嚴重的現象就會接踵而至。

　　內分泌催化，所指之內分泌一般為雄性素，而雄性素就會促進皮脂腺旺盛，因此有人治痘用避孕藥，就是想要以雌激素抵抗雄性素，

但是此作法容易造成內分泌錯亂，筆者建議讀者千萬別嘗試。

· 治痘之原理：
有六大步驟：A 清潔；B 疏通；C 抑菌；D 消炎；E 活化；F 調理。
1. 清潔：正確和徹底清潔、適度去角質；
2. 疏通：疏通皮脂腺孔之角質和堵塞之油脂；
3. 抑菌：抑制或殺死細菌（茶樹精油）；
4. 消炎：緩解紅、腫、熱、痛之現象（薰衣草精油）；
5. 活化：活化皮脂腺使皮脂正常分泌、活化角質細胞使其代謝正常、活化巨噬細胞使其發揮殺菌之功能（註：活化就是使其正常化，而不是使其旺盛，很多人誤解，因此筆者在此特別說明）；
6. 調理：調理內分泌、充足睡眠、均衡營養、服用避孕藥（不建議）。

當然，除了以上治痘之方法，次因素的加強預防才是避免痘群蓬勃發展最佳選擇！

美容八大原理之八（A）── 塑身

減重──明天過後，身材不一定好

夏季到了，即使不是因為愛美想穿少，至少在這種炎熱的天氣，任誰穿多也受不了！因此穿著輕薄的衣服，用的布料越來越少，這是所有人共同的現象！但是如果肥油一堆，連自己看了都噁心，您說誰看了會過癮？

因此一到夏初，就會吹起一陣超強季風──減肥風！有些人少吃、有些人運動，這是基本法則！有些人讓自己多排一些糞便，稱為清除宿便！有些人吃減肥藥，還用什麼雞尾酒療法，各種千奇百怪的手法都出爐了！

經過一番折騰，體重或許是減了，但是看了看自己的手臂、大腿、臀部、腹部，那一層層的肉餡，就像尚未完全風乾的橘子皮！這層俗稱橘皮組織的浮肉，令人再怎麼減也減不來、怎麼消也消不掉！瘦是瘦了，身材卻沒變好。望望鏡中的自己，依然顯得懊惱，罪過就在這難纏的浮肉！

想消除浮肉嗎？那當然要先知道，這浮肉是如何形成的！方能知悉如何抗拒這頑強的惡魔！

· 浮肉形成原理：
1. 飲食所產生的能量沒有耗盡，部分形成脂肪，脂肪聚積於脂肪細胞，使其肥大；

2. 脂肪細胞向真皮層擠壓，造成代謝循環不良，自由基因此產生；

3. 自由基攻擊膠原蛋白使其斷裂，膠原蛋白也形成自由基，而這膠原蛋白自由基開始包裹脂肪細胞，形成小結球；

4. 小結球慢慢成為大結球，大結球穩固儲存脂肪，無法代謝脂肪；

5. 結球於外觀如同橘子之外皮，故稱之為橘皮組織；

6. 結球浮於皮下組織（脂肪）之上，如同浮在油上的肉，故稱之為浮肉。

· 去除浮肉之原理：

1. 循環：促進血液及淋巴之循環；

2. 破繭：破壞結球外層之膠原蛋白；

3. 分解：活化脂肪細胞之 β 接受器，分解脂肪；阻礙脂肪細胞之 α 接受器活化，以利解脂；

4. 排毒：排出脂肪分解後之廢棄物；

5. 緊實：重新排列皮下組織之脂肪細胞和真皮層之膠原蛋白。

然而上述去除浮肉之原理看似簡單，做起來卻不容易！

如果沒有搭配適當的產品和專業的技術，那消除浮肉可真謂遙遙無期！

當然，這一切還必須加上持之以恆的多動少吃，才能永久見效，否則三天捕魚、兩天曬網，想要有個好身材，那更是癡人說夢！另外，浮肉的生成也是一種健康的警訊，因為浮肉的禍首就在身體的代謝循環出了問題！而這身體的代謝循環有了毛病，任何的疾病都將產生，因為自由基（Free Radical）已經悄悄地在您身體的每個角

落迅速地蔓延！

　　而這自由基正是萬病之根源！

　　現在您終於知道，浮肉的可怕已經不只是在身段的美麗與否，更是身體健康是否開始走下坡的浮標！

美容八大原理之八（B）── 美胸

頸部以下令人注目的雙焦點

身軀變纖細了，但是如果只能當「平」面模特兒，似乎是所有女性最不想見到的遺憾！男人喜歡比大小，女人也有同樣的嗜好，只是部位不一樣！

女人胸部的美與不美，即使男人並不在乎！（這經常是真的）

大多的女性卻都很在意！為什麼？這叫天性吧！似乎這跟女性的自信也有些許連結性的關係！

有人因此花了大筆錢，裝矽膠、塞水球、移油塊、打激素，搞到後來纖維囊種、胸部發炎、乳房病變，這都是得不償失的心理疾病！因此，本篇將提醒各位胸狠的女性朋友乳房的些許正確知識，更提供丁點美麗您胸前雙峰的基本概念，不要再只是自投羅網地成為部分不肖人士的斂財工具！

・乳房之問題與應對：

1. 乳頭凹陷：並非一般美容師可解決，通常需以手術處理，或者藉由經常吸吮即可改善，千萬不要隨便動刀；
2. 乳頭太黑：一般以暢通氣血之美胸產品可略加改善，但此與內分泌有關，故改善之程度有限；
3. 乳房下垂：乳房肌肉鬆弛，結締組織流失，強化肌肉之拉力（擴胸運動），補充膠原蛋白、彈力纖維和玻尿酸；
4. 乳房太大：消脂、緊實；
5. 乳房萎縮或乳房太小：暢通乳腺，補充膠原蛋白、彈力纖維

和玻尿酸，活化脂肪細胞之 α 接受器阻礙脂解，以利脂肪之儲存；

6. 乳腺炎：乳腺堵塞造成發炎之現象，必須以藥物處理；
7. 纖維囊腫：乳腺炎演變之良性腫塊，數公分大，橢圓形，富彈性，表面平滑，會移動；
8. 乳房腫瘤：乳腺炎演變之惡性腫塊，可能很多顆，凹凸不平，不會移動，易形成乳癌；
9. 乳癌：細胞受自由基攻擊而導致不正常生長並具有攻擊性、擴散性之細胞，有不明分泌物；
10. 第 7、8、9 項之問題必須以排毒之方式先行運作，若已經很嚴重了，那外科手術卻也很難避免。

· 美胸之原理：
1. 確認：先確認有無任何胸部之疾病，並記錄目前之狀況，方能開始進行，以免弄巧成拙；
2. 去角質：清潔乳房後輕微去角質，以利有效成分之進入；
3. 循環：促進乳房之血液及淋巴之循環；
4. 醒肌：促進疲憊支撐乳房之肌肉再醒來和擴胸運動；
5. 暢通：暢通乳腺儲脂活化脂肪細胞之 α 接受器阻礙脂解，以利脂肪之儲存；
6. 補充：補充膠原蛋白、彈力纖維和玻尿酸；
7. 緊膚：緊實胸部之表皮。

上述的方法必須有專業的產品和專業的技術，方能達到完美的效果，因此增加自己的專業知識，並聽從值得信任的專業美容師之指示，將是擁有健康且傲人之雙峰的不二法門！

天然洗劑

　　如果您加了石化介面活性劑，那麼當然不天然。但，您用的肥皂就天然嗎？皂是由油與氫氧化鈉皂化反應後產生的產物之一，鹼的殘留純屬正常，這樣算天然嗎？但至少「比較天然」。

　　手工皂盛行於近幾年，手工就天然嗎？若只是將機器由人工取代，卻依舊加入香精、假精油、色素，請問製作手工皂的初衷何在？

　　其實，很多物質都具備洗淨力。草木灰、無患子、黃豆粉、苦茶籽粉等都是，但若只是洗劑商品中的部分元素，那麼又是行銷手法的訴求罷了，毫無意義。

　　純天然的洗劑若不加水，則可保存較久，要用時才調配最好。
　　小蘇打、檸檬酸、天然起泡元素、海鹽、玫瑰鹽、臺灣茶樹精油，就是 DIY 天然洗劑經常運用的物質。若要有香味，請添加純天然精油，若要增稠請用海藻膠。

　　這是筆者經常在公益課程中分享的方式，愛地球就要給方法、給真相，咱們才不會前仆後繼地繼續殘害地球，卻自以為自己很愛地球。

　　環保洗劑很簡單，人人推廣執行，地球就能少負擔。環境不汙染，水質很單純，我們才能真正擁有身心靈全然平衡美麗健康的可能。

天然美容保養品

　芳香療法用的素材，全天然、全植物性，本來就是最基本的要求。但，美容保養品呢？

　除了清潔以外，若要純天然，真的只能考慮「全植物性」了。各種植物油皆有其特色，可於不同的膚質狀況使用不同的油脂。

　油性肌膚可用葡萄籽油、椰子油；一般肌膚可用荷荷芭油、山茶花油；敏感肌膚可用乳油木果油、椰子油；乾性肌膚可用甜杏仁油、玫瑰果油；老化肌膚可用月見草油、乳油木果油、椰子油。

　但，大多都是含不飽合脂肪酸較多的油，於是放久容易氧化產生油垢味。為了避免此問題，可用荷荷芭油、椰子油當基底。

　若為愛臺灣，山茶花油就是最好的選擇，山茶花油是什麼？就是大家說的「苦茶油」。

　上述都是基礎油，但要達成特定目的，抗敏要添加藍洋甘菊，除皺要用玫瑰精油，保濕要用茉莉精油，痘痘要用臺灣茶樹精油，美白要用檸檬精油，並且只能夜晚使用。

　比例呢？ 1% 即可。這樣貴嗎？其實您數學若沒有太差，應該知道答案，比非天然的更便宜。

　有很多素食者問我有沒有素的保養品，我說除了無水類的保養品，沒有素的了。因此，未來筆者也會發展全系列的無水保養品，以利越來越多的素食者保養肌膚用。

　因為，嘴巴吃素，皮膚也該吃素，心更應該素。

無水才能無防腐劑

太多的知識被誤導，為何？只因為錢吧！

我們怎能為了今天的業績，累積明日的業障？

較長期的保存稱之為「防腐」，達此功能者稱為防腐劑。只要有水，就不可能純天然，沒有添加「特別被拿出來被討論的防腐劑」，並不代表沒有防腐劑。所謂的天然又是如何的天然？行銷，請不要玩愚弄消費者的文字遊戲。

美容保養品要達成不需化學添加劑的防腐效果，唯一的方式就是「無水」。否則常溫中，早上做，下午就壞了，除非降溫冷凍保存。

有人說，加多一點精油即可。但，那就得加介面活性劑，又是化學，有意義嗎？而且過量高濃度的精油塗在臉上好嗎？

所以，只要想做純天然的保養品，那就必須無水。於是油脂的選用就是關鍵了。在油脂中添加適合的精油，就能達成美容的效果。只是通常用在臉部美容上的精油必須嚴格的慎選，並且通常都不便宜。

再講一次，無水才能無防腐劑。

乳液乳霜就是有水、有油，而不讓兩者分層，因此必須加入介面活性劑，使得兩相間的介面張力消失，而產生「較永久」的水乳交融之假象，因為像牛乳一樣，於是在此運用的介面活性劑又稱「乳化劑」。

乳液裡的水比霜多，霜的油比乳液多，但一樣都要加防腐劑。訴求只用天然防腐的模式之商品，也絕對不可能放太久，豈能忍受兩年的安然無恙。

當防腐效果減弱或消失時，微生物就悄悄滋生了，這不只讓商品變質，更將讓皮膚產生病變，肉眼是「看不出來的」。

於是霜或乳液想要純天然，那麼也只能無水，最佳的選擇就是「乳油木果油加精油」，看起來也像霜。雖然無水就不符合乳霜的定義，但這卻是最紮實的滋養。

有人會選擇用便宜的「氫化棕櫚油」替代，這也是不智之舉，因為這就是大家聞之色變的「反式脂肪」。

具有靈魂的商品

　　大部分的保養品與精油都是在成分、效能作文章。因此，簡單説這樣的商品就是一種物質的組合。

　　然而，我所創造出來的商品，基本上也並不適合説它是一項商品，而是一種「愛的傳達」。

**　　物質成分配方的完美，這是專業的基本功。**
**　　包裝與行銷的訴求，這是人性的基本誘惑。**

　　但，我們不能胡謅，有加的説零添加，例如防腐劑、藥物、違禁品之類；沒加的説高含量，例如昂貴的精油與特殊配方。沒效的説有效，沒關係的説有關係，有影響的卻説沒影響，這樣的行銷亂象，令人憤怒。

　　當基本條件都以「誠實」、「專業」為出發點之後，您已經不需要再編織謊言了，因為因果的循環並不會讓您有躲藏之處。

　　如何讓商品具備生命力？
　　那必須商品本身真是從生命而來，但不是要您去宰殺動物，取其精髓，而是運用植物的能量轉移至商品之中。但植物的靈性具備感情，製造者、販售者、使用者的起心動念，都會左右靈性的價值是否被發揮。

　　看到這裡，您可能已經瞠目結舌，因為這是大家可以平心靜氣皆

可理解的大自然道理，卻是以為金錢可以買到一切的愚痴行為。

　　我們團隊每一份子都被要求與訓練，在研發、製造、販售、服務的過程中，給予商品滿滿的愛與正能量。

　　也教育消費者在使用商品時，用一個「歡喜而感恩的心」，如此所達到效果卻是前所未有的震撼。

　　因為，這是「多少生命的愛之延續」，能夠受用必然感恩，如此才能讓商品的靈性繼續在我們的身心靈綻放愛的光輝。

越簡單越安全

很多簡單的事情被弄複雜了，其實只有一個原因——「故弄玄虛的行銷」。

行銷經常「簡單複雜化」，還原真相就必須「複雜簡單化」。

複雜化是為了優越感的凸顯，簡單化才是能夠傳承的方法。

知識是公開的，不必隱藏；技術是經驗累積的，不該斷層。

願意公開知識是一種付出，能夠簡單而具體的傳承就是「真愛」。

行銷語言有時很令人厭惡，因為多是謊言，盡是騙局。什麼多少科學家精心多年研究，什麼多種複雜程序製作，什麼各種認證通過。看得很累！因為我就是「科學家」，我深深明白科學是什麼。

時代的進步是科學的功勞，環境的迫害卻也是拜科學所賜，戰爭的毀滅性武器更是科學的產物。科學真的是令人又愛又恨的玩意。

在大部分的科學裡，多數人選擇複雜化。而我在科學的路上，卻是越走越原始，因為唯有原始的結構，才是造物者的本意。

否則當初造物者就直接創造複雜的科學就好。

這時代，很多人喜歡說「發明」，其實何來發明？我在做的只有「發現」，在探索中沉靜，在不期而遇中發現驚喜。

大自然裡，早就為我們準備好了一切，只待咱們發現。

趨勢

　　沒有永遠不褪流行的趨勢，沒有永遠屹立不搖的時尚。

　　今日是科技，明日已成過去；此刻正火紅，次秒已成歷史。如同正值青春蕩漾的少女，蹉跎虛度，猛然回首，已是鶴髮雞皮的老婦。

　　臺灣曾經美容沙龍遍地開花，而今四處凋零。曾經醫學美容無孔不入，現況滿目瘡痍。這是一窩窩、一潮潮蜂擁而至的盲從，卻忘了本質生根的紮實。時間過了，就會是一朵朵泡沫，曾經絢爛，瞬間已破。留下的，只是風燭殘年的掙扎，唯一真正能存活的，只有遠見的堅持執行者。

　　放眼望去，美甲、美睫的春秋盛世此刻已燦然，車水馬龍，萬家爭鳴。這是令人雀躍的場景，卻也預見接下來的戰國時代，一場場逃不過的爭鬥與戰役，慘烈的死傷已是宿命。

　　沒將眼光放在趨勢前的未來，必然又是灰燼。

　　這不是危言聳聽的癡狂，而是無常轉換的必然。

　　學習、模仿、複製、變化、創造，從產業的靈魂中提升共鳴力與影響力，永遠先一步於趨勢浪潮之前端，翻騰而不淹沒。

　　看見別人的看不見，想到別人的想不到，做到別人每一次的還沒做到，這才是立於不敗之地的祕密。風光如你，二十年後依舊存在已是勝利，更勝此刻便是奇蹟。

B 特殊技藝篇

不懂問題之所在，何來對症下藥之方法。

美麗總在皮肉下功夫，就不會產生神經傳導的流暢度。

懂得身體物質之分配，懂得經絡運行之規則，懂得能量流動之方向，就必然懂得健康與美之方式。

美容之技藝無需繁瑣，方式可師法自然。運用原始的物質與工具，順勢五行之操作，共振陰陽經絡之縱橫。

美容之術是藝術，更是一門柔性肢體運行的「絕妙武術」。

特殊之處，不是掩人耳目的現代科技，而是喚醒古老智慧的完美傳承。

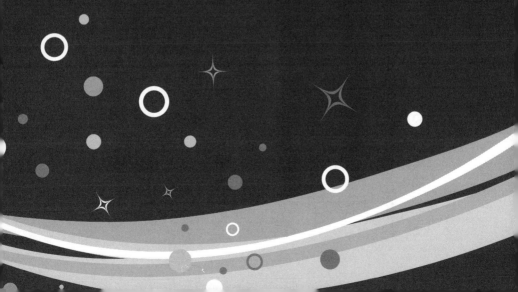

技術的創造

美容療程的技術創造是一門很深的學問。
符合了學理，只是對得起自己；
顛倒了是非，就是誤人之子弟。

療程技術通常是廠商在研發商品時，同步交錯所創造的商品運用技藝，倘若廠商沒這個能力，商品經常就是物質的混合而已。

療程技術是美容沙龍特有的模式，過去從歐、美、日而來，因此有著各種國度系統的操作手法。而今，美容沙龍兵荒馬亂之際，這個方向也不再是主流。人們開始亂湊一通，混練出各種雞尾酒式的手法，再搭上牛頭不對馬嘴的理論，矇騙了所有學習的人。

於是，筆者開始追本溯源，運用國際相關產業友人的資源，指派講師技術團隊接受各種正規訓練。將西方、東方理論與技術手法完整結合，開始了化腐朽為神奇的教育之旅。

而今咱們座落臺灣的團隊，已經能將商品與手法技術的研發，與標準的古典理論根基完美結合。這是對美容產業偉大的貢獻，而不再是行銷語言的模糊帶過。

土壤氣候對，種子就發芽了；
空間合宜，根就深且廣了；
根部紮實，樹幹就往上長了；

枝葉茂盛，花果就盛開了。

美容界的蛻變，應從知識為根基，從經驗為反證，從良心為出發，從幫助為行動。

學習根源的原理，知識與資源，靈活運用。

模仿、複製、改變、創造，並且禁得起驗證與實戰之磨練，那麼我們臺灣也將在世界的美麗殿堂占有舉足輕重之地，搖身一變為領航者，而不再只是所謂時尚與藝術科技的追隨者。

心想事成的能力

　　當你看過《祕密》這本書，你可能深信不疑，也可能嗤之以鼻。

　　但我必須告訴你，你「所想的一切，都會發生」。

　　這不需要「複雜的程序」，不需要「咒語」。因為你所想的、所說的、所做的，都是「傳達給宇宙的訊息」。

　　你會說，怎麼可能？無所謂，你信不信，我並不在意。

　　你會發現，當你想著不好的事件，都會有比較高的「發生率」；當你期待著好事發生，卻遲遲不會到來。為什麼？

　　因為你害怕的，就是「你的相信」。你所期待的，卻是「你的懷疑」。

　　相信就有力量，有力量就會發生。懷疑就是沒有發出渴望的訊息，宇宙怎麼會理你？

　　看到這裡，你會發現，宇宙沒有祕密。心想事成，就是大自然的原理。

　　你要的，想了，說了，做了，你要的就「自然發生了」。

　　不要的，千萬別再想，別再說，別再做。

　　這就是「祕密」。

　　你是什麼樣的人，就會凝聚這種人；

　　你想與什麼人為伍，你就必須努力讓自己成為那種人。

　　別人所說，那是別人經歷的。

　　令你感動，那是你所共鳴的。

　　但，感動若就只是感動，那還真是無意義的震動。

唯獨行動，才能讓自己也被自己感動。

被感動是被動，感動別人是主動。創造感動，只有行動。

你所想的，說的，做的，都會是「將發生的」。

不想發生的事，千萬別想，別說，別做。

念力、文字、語言，盡是能量，謹慎之！才有美好的未來！

成就如何一瞬間？ 就在「觀念與習慣」改變的那瞬間。

觀念決定了你「做事」的方法，習慣左右了你「為人」的方式。

你抱怨著你的現況，因為你缺乏「改變觀念」的智慧；

你不滿意你的收成，因為你缺乏「調整習慣」的決心。

別讓觀念成為你的包袱，別讓習慣成為你的阻礙。

你的成就，自己主宰。

語言、文字、影像、味道、動作、意念，都是一種「能量的傳達」，只是「傳遞的介質」不一樣。

透過「六識」眼、耳、鼻、舌、身、意的接收，只要頻率對上了，就能完整感受。

因此祝福的「心念」非常重要，誠心與虛情必然有不同的結果。

同樣的，所有的祝福必須記得「領受」，將能量轉為力量，物質的兌換也將是自然。

千萬「不要小看」一句祝福的話，給予感恩，給予迴向，盡是福報，這就是「善用大自然的力量」。

不要用擔憂來對待我們所關愛的人事物，而是祝福。

因為，你想的都會發生。

美容工作者的四度空間

　　一位美容工作者，

　　必須有其專精的部分，這是「深度」；

　　必須有其學習的突破，這是「高度」；

　　必須有其觸類旁通的聯結力與資源的整合力，這是「廣度」；

　　必須有其靈性覺知的敏感度，這是「力度」。

　　當美容工作者擁有了這四度，必然能夠游刃有餘地在自己的領域上靈活發揮。

　　在臺灣盛行數十年的美容沙龍，幾乎在這十年瞬間泡沫化。

　　有人說這是醫學美容的搶佔，因此沒了生存的空間。

　　有人說這是網路商品、電視購物的便宜，因此也沒了商品販售的競爭力。有人說，有太多的有人說。

　　2006 年，許宏出版的《美容一瞬間》，當時就是為了幫美容師發出正義之聲，因此勇猛的將其畏懼的問題與真相全然剖析，與實際行動的生命力挺。但依舊沒有阻擋得住美容師們洪流般的自我唱衰。

　　這是對自己專業「深度」的不紮根，

　　這是對自己學習「高度」的不長進，

　　這是對自己整合「廣度」的不願意，

　　這是對自己探索「力度」的不在乎。

　　一個個放棄了，一間間收攤了，果然輸了。

　　但是，願意跟隨改變，持續創新執行的朋友們，如今屹立不搖，並且更加成長茁壯。

　　在這些夥伴的堅持、堅強與堅定中，我看到了力挽狂瀾的勇敢，

求新求變的靈活，於是她們繼續美好的存在。

　　因為她們知道自己是活在四度空間的靈性人類，而非沒有時間學習，只花精神抱怨的物種。

　　成就如何一瞬間，就在觀念與習慣改變的瞬間。於是成功者選擇了改變，再造榮景；失敗者選擇了放棄，抱怨景氣。高下立判，生死立決。

我是美容師

　　操作療程時，是「工人」；分享商品時，是「友人」；推銷過程時，很「煩人」；達成交易時，是「商人」。

　　消費者最討厭「煩人」，因為他會把我們當「犯人」，然後「閃人」，以後「找不到人」。享受服務時，我們的水平不夠，他會把我們看成「下人」，雖然我們盡心的當「工人」，有時也不一定被「當人」。

　　當我們懂得專業知識，明白應對進退，不卑不亢，聽她的內心世界，滿足其靈性的需求。此刻的我們雖不是「內人」，也不會再是「外人」，至少她會把我們看成「自己人」，甚至奉為「上人」。

　　當我們精準分享我們的經驗，提供精準的商品，解決了她的問題。此刻她會將我們列為「友人」、「貴人」，然後為了感謝報答，就會幫我們帶來「很多新客人」。我們因服務、互動、分享，而收穫了金錢，這是價值的交換，我們真正成了「商人」。我們將賺的錢繼續豐富我們的人生，幫助更多的人，我們就是「大商人」。

　　周而復始，良性循環，金錢的流動變得容易，不再困擾自己，人生越來越美麗，我們就成為了「快樂幸福的商人」。美容師就該這樣，如此才不愧對自己的靈魂。

　　如果您仔細觀察過，如果您也參與過，或者現在也正身於其中，傳直銷產業所販售的商品，美麗與健康相關用品絕對是最大宗的。因為這是人類食、衣、住、行滿足之後另一層次的基本需求。然而，

傳直銷並不是每個人都適合的事業，因為這是著重於人而不是著重於商品的一條路線。於是，當您想要開始或重新踏入職場，您可以有著單純或多元的選擇。

美容相關工作容易入門，可以不斷深耕，能創造個人獨特價值，更是建構豐功偉業的一門捷徑功夫。只要您願意開始，隨時都是機會，處處都有良師。

筆者致力於美容系統相關產業多年，各種通路相當熟悉，也結合了業界相當多的資源，包含廠商、店家、協會、教育訓練專門機構，還有一大票的業界菁英，清楚明白各個環節的要件。

筆者有自己的化妝品工廠，自己的精油藝術工廠，自己的全球資源整合系統，有自己的研發、行銷、教育團隊，更有因理念而結合的非利益聯盟組織，包含「大商的味道」、「Big in business」的全球大商人脈連鎖組織。我們都願意為臺灣奉獻心力，為世界做一點事，幫助我們能幫的人。

因此，若您有就業、創業、學習的相關需求，不論您是在臺灣的哪一個角落，甚至海外，我們的志工團隊都願意提供給您最恰當的諮詢服務，分析與指引最適合您的方向。

您可以從任何一個角度切入，美甲、美睫、眉毛、美髮、美容、美體、芳療、按摩，都是機會。

您可以從助理開始，然後提升自己成為有證照的師字輩，從學生變老師；您可以創業開店或者活絡於業界的教育系統，只要您相信自己，肯努力，肯學習，有一天您也可以成為大師級的人物。因為「祕密」就是「想你要的，說你要的，做你要的，結果就會是你要的」。

您看到本書眾多典範的傳奇，他們都是值得您拜師學藝的業界菁英，不只是緣份，也得您有心而願意。從接觸到深入，從深度到廣度，您也將看到自己的高度，下一個美麗傳奇——就是您。

　　沒有任何一個畫面可以隨便塗鴉，沒有任何一個作品可以漫不經心，因此偉大的美容工作者是絕對必須敬重的藝術家。

　　美容相關工作都是天地美麗的畫家，不要把他們當成奴役，也不要把他們當成工匠，而是虛心請託這帶著使命的巧手，為我們尚須調整的五官、髮絲、眉甲、身軀，灌注其鍛鍊已久的能量。

　　當成買賣，就不會有意想不到的驚喜。若無期待，便不會有鬼斧神工的奇妙對待。

　　美麗需要的不只是技術，更是全神同步的專注與愛的融入。

語言能量

看待一個人的優劣，經常只來自第一印象，並且被「別人所述」影響。

這是忽略「自己觀察力」，藐視「自己判斷力」的愚痴。

「層次與角度」上的不同，就會產生不一樣的「光譜」。

然而，我們的眼睛、耳朵卻忘了與大腦同步，只讓以訛傳訛的習性，透過了我們的嘴，傳遞了錯誤的訊息。無形中，造孽矣。

沒人禁止你講話，但在開口之前，再看一遍，再聽一次，在「心中沉澱過濾」後，再想一想，需要開口才開口。

不然只需放在腦袋裡的「暫存記憶體」，關機後，自動刪去。

學說話就要學習當講師，而不是學會愛講話。學當講師要先學的不是如何講話，而是不該說什麼話，何時該說什麼話。

當機會來時，你準備好了嗎？當有機會讓你嶄露頭角時，你能夠把握嗎？關鍵時刻，你能說到重點嗎？突然被請上臺，你可以不慌亂嗎？

花若盛開，蝴蝶自來；人若精彩，天自安排。你若決定盛開，誰能擋住你的精彩？人生有太多時候都必須即席演講，只是說長說短。當咱們沒有拿捏得宜，是的，機會就沒有了。於是，盛開的真正祕密就是學會當講師。真正的超級講師是會場靈魂，最強大而有效的講師訓練，就是「言武門」講師特訓。

當你已經能言善道，但你舞臺的攝受力夠嗎？當你想成為講師，

但想過別人喜歡聽你說嗎？當你已為人師，但學生已會了你所教的嗎？一般的老師與補教名師的不同，就是上述的差異。

何為講師？並非會講就是老師，別再自我陶醉，而讓聽眾心碎。成為優秀講師，「言武門」讓你輕而易舉，享受舞臺的真實光采。

在「功夫」與「工具」巧妙而踏實的準備中持續「出擊」。然而講師的定義不可模糊，因此筆者簡要具體如下述：

· **何為講師？**

一己之意念，言語表達之，謂之講。尚未親證，胡亂述之，謂之亂講；言之無物，不知所云，謂之白講。自圓其說，離經叛道，千萬別講。講亦有道，尊天地之道，敬鬼神之道，重人性之道，發人深省，激勵情懷，融會貫通，具體歸納，謂之講道。

師者傳道，授業，解惑。授業為技之傳承，解惑為偏失之導正，傳道為貫穿之心法，三者同步謂之師。講為己所悟，師為天所命，不遠矣。攝受人心以動情，撼動人性以明義，乃講師念之所及。只以聽者所慾之，不以己利而言之，乃講師之心法。

練脣齒之順序，工納吐之氣息；聚眼神之交會，武肢體之細膩；同場共振，天地和鳴，方為講師之功力。

運教棒之所及，轉借力之具；填淡忘之可能，凝聽者之思緒，此為善用萬物之氣。心之所在，力之集聚，全場合一。捻花微笑，真理傳之，謂之講師。

文字力量

言語是一門修煉的武學，文字是觸及靈性的刀劍。

言如兵法，足以退萬軍；文似醫藥，足以救生命。

言如李斯，文若韓非。慎言如妙文，智慧已開門。言武門！

文章詩詞歌曲，盡是文字的排列組合。

行銷廣告語句，皆是文字的巧奪天工。

這門靈性文字的功夫，只傳有緣人。

從文字語句文章的原理，帶入人類本能的靈性，運用宇宙的能量，讓您擁有下筆如有神的祕密。

沒有文字，就無法遠遠流傳。沒有出書立作，就無法成為一家之言。但，多少人疾筆揮墨不知所云，於是夢想永遠只能是夢想。

文字必結合心念，兩者交會處才有力量綻放的可能。於是文字的功夫是任何人在奮鬥時的資源，更是拉長成就影響力之時空延伸。

· 練文章

要多看、多背、多想、多寫、多唸、多分享，

要模仿、複製、變化、創造。

開頭精彩收尾霸，段落分明有順序；

每看一文有心得，每看一事有想法。

- 起筆
  審題、破題、思收尾；
  主幹、枝葉、百花開；
  果實、蟲鳥、嚐甘甜；
  經典、結語、震撼來。

  感情置入靈性自來，哽咽、激動、振奮。

- 言武文之文風
  重內涵、有精神、深影響，
  韻情感、必美觀、更要唸時音順暢。
  時斂時外放，可今詞、可古詩，卻以明瞭具體為標竿。不以瑣碎顯雜亂，不讓偏字惹心煩。
  達觀而智張，力霸可上崗，媲美古今中外文，夢裡迴盪，遠流傳。
  吾人稱此為「言武文」。

療癒的力量

療癒從心靈開始，而不是身體。療癒這兩個字，不該是歸屬涉及療效的文字獄。因為，療癒不應只是醫療系統的專利行為，而是自我恢復與自我修護的機制。

我們不該總是被告知有病、該吃藥、該手術，而是必須被鼓勵、被安撫、被提醒「你沒病，你很好，你只是心靈有點小缺口，補上就好」。

我們必須知道，身體的問題緣起於「壓力」，而這壓力可能來自「生活的困境」、「過去的創傷記憶」、「遺傳」、「無始以來的細胞記憶」。如同電腦、手機系統一般，只要重新開關機，就能讓一切恢復正常。

人們該被教育「自我療癒的功夫」，該被教育「運用大自然能量與植物的能力」，該被教育「使用常用藥品手冊」的能力，該被教育「是藥三分毒，沒有無副作用的藥物」的知識，該被教育「判斷何時可以自己調理，何時該看醫生，看哪一科」的能力。

然而，世間的教育都不是這些，醫療系統被濫用，健保資源被貪汙，成藥廣告天天播，天然植物療效卻不許說。

在如此的醫療系統社會的氛圍下，需要被「療癒」的人們越來越多。在如此缺乏正確知識的教育中，「壓力」是分秒暴增的產物。天啊！這早已是必須被療癒的社會。我們該開始學會療癒自己，激勵別人，找回你的本能，戰勝現在的自己。

每個人都需要療癒，因為都是帶著傷來到世上。

我們忘了過去的痛，卻有了新的重創。

我們以為可以自我療傷，卻不知傷痛早在細胞裡躲藏。

我們繼續隱藏，選擇遺忘，開始包裝，卻也開始不斷阻礙著自我的成長。原來所有的恐懼，都緣起於心靈傷口導致的不勇敢。

讓我們心往內看，找到自己的傷，面對餘毒之摧殘、清創、風乾，灑上靈性之藥，療癒這看不見的迷惘。

喚醒自己的潛意識記憶，找回自己原始的能量，原來你是如此堅強。從五行平衡，從七輪通暢。藉光影、藉色彩、藉音律、藉冥想、藉禪定、藉宇宙、藉過去無始以來的自己，療癒現在的自我。

療癒了自己，我們充滿了正氣，充滿了正能量，充滿了愛之光。我們已成為可以療癒、激勵、重建的生命體。

找到自己，療癒自己；重建自己，療癒別人；成為寰宇間傳播愛的療癒天使，激盪早該醒來的「正能量」。

生命靈數

「生命靈數」近年來很流行，但是大家總是一知半解，原因就是不懂原理。光靠一般書籍的死背死記，是不可能有所頓悟的。

生命靈數緣起於 2500 年前，當時正是地球上各地出現一群很有智慧的高人的時代。釋迦牟尼佛就是在這個時期誕生，此時中原正值春秋戰國時期，諸子百家學說盛行於此，眾家齊鳴，包含孔孟儒學、老莊思想、孫子兵法。而希臘也同樣出現了一批偉大的哲學家，蘇格拉底、亞里斯多德、柏拉圖希臘三哲皆是在這個時期先後出現。偉大的數學家畢達哥拉斯也是，他的貢獻不只在數學，而是將數字的能量祕密陳述於世間，讓人們更有依循之方向。

從 1、2、3、4、5、6、7、8、9 這九個數字，就能參透人們性格上的差異與特質，這是化繁為簡的神奇，也是開拓智慧的方便之門。學習數字能量之重要性，似乎更勝於數字的計算，微積分不一定在人們的生活中會遇到，「生命靈數」的力量卻跟隨著靈魂，從出生到死亡。

如果在小學數學課本能加上「生命靈數」這個單元，那麼牙牙學語的學童們，將從此愛上數學，而非日復一日、年復一年的恐懼，並且也將因這門功課找到自己人生的方向。或許八股的教育家會對筆者的言論嗤之以鼻，卻也無法抹滅「生命靈數」這個緣起於數學的偉大科學。

人們迷信於自己的認知，卻更迷失於尚未開啟的智慧。「生命靈

數」對筆者而言是珍寶，是幫助茫然者的實用工具，更是剖析自我的基本能力。

　　1 是自我，2 是合作，3 是創意，4 是框架，5 是勇敢，6 是療癒，7 是分析，8 是執行，9 是奉獻。而其是否有「連線」，是否「存在」，「**擁有的力量**」有多少，更是細緻分解的**靈性數學**。

　　明白生命靈數，就能讓自己、讓別人擁有精彩的生命。善用生命靈數的植物精油能量對應，也就能補強化解生命中阻礙的力量。這是什麼原理？這是自然。

星座血型

　　星座與血型是一種分不開的約定。

　　星座是出生時天上星宿萬有引力的總體合併，這是大自然的作用力，並非玄學。如同月亮牽引的潮汐，恰似太陽升起與落下的黑暗與光明。

　　血型是身體流竄的能量特質，就像獅、虎有著猛然的血液，狗兒卻有著忠誠的天性，此乃萬物本質的基本設定，無法轉換。

　　當星座遇到血型，就有了 12 乘 4 的 48 種組合，而這組合便影響著個性，再因個性牽動著身心靈行動的選擇，而決定了命運。

　　然而，這世間並不是只有 48 種人，也不會只有 48 種命，於是又有了各種交錯複雜的分析，那是另一門因人而異的專業。而美麗工作者所需學習的，並非簡單複雜化的理論，而是複雜簡單化的能力。於是筆者開設了星座血型的課程，讓所有有興趣的學員，用一天的時間就能清楚明白，牢記於心，並且得以活用。

　　星座血型並非斷人生死，而是製造話題與改善人際關係，每一種星座血型都有其優缺點，需要做的是改善其缺點，強化其優質的特點，藉由精油的搭配，就能補強其能量。

　　星座也有對應的數字，而這些數字的能量，也都左右著該星座的特質與使命。於是又與生命靈數產生了巧妙的關係，因此「星座、血型、生命靈數」就是最夯的課程，同樣一天就能明瞭其精神與方法，而功夫只需接下來經驗的不斷累積。

在數字的能量上，星座的對應如下，

牡羊＝1、金牛＝2、雙子＝3、巨蟹＝4、獅子＝5、處女＝6、天秤＝7、天蠍＝8、射手＝9、魔羯＝1、水瓶＝2、雙魚＝3。

當您了解數字能量代表的意義時，您會發現很多不謀而合的恰巧。彷彿這一切早已事先安排好，這就是天地之間的奧妙，卻也是大自然力量的軌跡。

血型呢？其實也有。A＝1、B＝2、AB＝3、O＝9。當然，更細微之處，只有在課程中才能用言語與肢體詳述。

一眼看穿的絕技

　　對於消費者身心靈的實際狀況，一直以來都有很多的判斷模式。例如察言觀色，頭部、耳部、手部、指甲、背部、腳底、脊椎、臉部都有相關反射區的判別，然而卻永遠沒有辦法與虹膜的檢測所產生的對照比較相提並論。為什麼？

　　因為虹膜檢測，可以在拍照後，提供消費者自己親眼看到自己調理轉變的對照結果，而不是只在模糊不清的記憶中，光憑感覺的抽象結論。虹膜連結大腦，是人體各種身心靈狀況的歷史黑盒子，如同是飛機的飛行記錄器一般。

　　虹膜學的發展歷史已逾 3000 年，當時的西藏與印度就開始運用眼（包括虹膜）來判斷身心狀況，古埃及也發展了虹膜診斷法，並留下了許多紀錄。19 世紀，匈牙利醫師 Ignatz Von Peczely，10 歲時從一隻受傷的貓頭鷹眼裡發現了奇妙的現象，開始了虹膜的研究，寫下了世界第一本虹膜醫學的書，揭開了虹膜的祕密，人稱「虹膜學之父」

　　「上工治未病」，最好的醫生是在人們還沒生病時就開始調理其身心靈，而不是症狀產生後，才頭痛醫頭、腳痛醫腳。

　　望而知之謂之神，學會了虹膜的現象判斷，您也能夠如此神奇的一眼望穿自己與別人的一切狀況。

　　大多數的反射區對應都是中醫的智慧，卻並不被凡事眼見為憑、只靠影像與數字判斷的西醫系統所接納，於是在迷信於科學的時

代，這些反射區只有有緣人能明白。

　　然而，虹膜檢測卻是緣起於西醫系統，很多西醫也完整認同，全球各地都有相關協會在推廣，甚至很多醫院都把虹膜檢測的結果當成重要的參考依據，如此也比較能減少誤診的無奈發生。但，西醫畢竟是西醫，虹膜檢測對他們而言，還是嫌麻煩。反倒是中醫的認同度遠遠超越西醫，於此也可窺探格局與視野。

　　也因如此，虹膜並沒有被人盡皆知，就如同一般人不知道可以自己買一本常用藥品手冊，判斷醫師開的藥究竟是什麼作用。

　　然而，科學在進步，人性在衰微，知識經濟時代必須懂得自我保護與調理。而不是等到上了手術檯，任人宰割。因為生命沒人能為我們負責，毀了就毀了，簽了就簽了，死了也只能死了。

　　虹膜看完了，然後呢？
　　如果發現有特別的狀況，這時檢測師會建議再去醫院針對該部分做更詳細的檢查。如果是在衰退的現象，也可以藉由飲食與生活方式的改變而改善其問題。美國新聞也報導過，阿茲海默症可以藉由虹膜的檢測提早 20 年發現，而預防其惡化。否則，老年癡呆症來了，就真的回不去了。

　　養生之道是在未病時，而非已病時。
　　看醫生應該是看可能怎麼了，而不是已經怎麼了。
　　一眼望穿，眼見為憑，虹膜假不了，你也假不了虹膜，因為虹膜是跟隨一輩子的行車記錄器，從來不關機。

紫微五行

　　紫微星是紫微斗數中寰宇最大、最亮的星宿，影響人的力量也最大，因此，林儷老師運用其對五行與經絡之熟悉，結合東方脊椎對應五臟六腑以及西方的芳香精油，運用原始石波之頻率，創造出了膾炙人口的養生手法，透過背脊的神經能量傳導，達到全身五行平衡之妙。

　　而這關鍵也在植物精油屬性的協調，正確位置、配方、方向、程序之進行，達到身心靈真正的寧靜與平和。

　　這套紫微五行的手法，堪稱中華文化之傳承與歐洲智慧之整合。並用淺顯易懂之模式，創造了讓學習者能夠快速記憶之方法，完全符合無私傳承之精神。

　　氣血是人體臟腑、經絡等組織器官進行活動的物質基礎和能量來源；經絡是經脈和絡脈的整體總稱，經絡乃運行氣血、聯絡全身臟腑四肢、調整體內一切的通路。

　　在解剖圖找不到，於是所謂「眼見為憑」的西醫系統嗤之以鼻，卻也如同靈魂的具體存在一般，無須爭論。因為存不存在，不是你信與不信所決定，人類的感官所能覺知的本來就有限，就像可以看得到的光線只有微乎其微的一小段——可見光。

經：「徑」縱而行之幹線，直。
絡：「羅」網全身之支線，橫。
直橫交錯，盤根遍野，運作全身之氣血，謂之經絡。

很多人在背十二經絡時，常常無法完整，東拉一個、西扯一個，通常臟器（肝、心、脾、肺、腎）大家都會背，而腑器的部分就搞不清楚了，於是林儷老師整理分享了一個互為表裡的口訣：

肝、心、脾、肺、腎、心包

膽、小、胃、大、胱、三焦

（小：小腸、大：大腸、胱：膀胱）

上下互為表裡（如：肝←→膽、肺←→大腸）

手之三陽，從手走頭；足之三陽，從頭走足；足之三陰，從足走腹；手之三陰，從腹走手。

（流出）手三陰和足三陽之經脈，由軀幹分流四肢，對應了動脈血行之方向。

（回流）手三陽和足三陰之經脈，由手足指端回流軀幹，對應了靜脈血行之方向。

陰陽五行是華人對宇宙所有事物之思維邏輯，陰陽調和益顯中庸之道。

陽：動、外、上、溫、熱、明。

陰：靜、內、下、寒、冷、暗。

無極生太極，太極分兩儀，兩儀生四象，四象生八卦。兩儀即為陰陽，如此宇宙的一切現象千變萬化，成住壞空、生生不息。

再藉由五行（木、火、土、金、水）、五色（青、紅、黃、白、黑）、五臟（肝、心、脾、肺、腎）、五腑（膽、小、胃、大、胱）之對應，於是產生了絕妙的配方（青木、紅火、黃土、白金、黑水）與手法，讓人的小宇宙與世界的大宇宙彼此共振，自然運行。

太鼓能量芳香美容養生術

「音律療法」大家都聽過，都知道聲音的旋律、頻率、振幅、節奏，足以影響生命的情緒，藉而影響身體的健康。

太鼓的音頻，彷若胎兒在母體子宮中所聽到的聲音，因此讓人覺得安然。於是具備母性的能量，藉以抒發壓力、穩定情緒，而營造身心靈整合之健康、快樂與智慧的環境氛圍。

林儷老師以太鼓藝術再一次為中華文化與中醫之術感到讚嘆，只用一根棍子（太鼓），就打造了傳奇的美容養生技藝，一系列的經典手法，已傳承於全臺的大街小巷。

樹大招風，隨之而來的就是各種模仿、編造的技術，改名而稱之。但，我們不以為意，因為技術是知識與經驗的累積而衍生的創意，只要能對人們的健康有幫助，創意被仿也是一種被肯定。

「太鼓能量芳香美容養生術」緣起於中醫的內功推拿，礙於法令之限制，不談推拿。

內功推拿之特點是強調整體觀念，扶正驅邪。以「擦法」為主要方法，並引導被操作者進行吐納，以調整身心。

擦法是一種柔和溫熱的刺激，林儷老師將其區分為八大區塊，頭部太鼓、背部太鼓、臀腿部太鼓、足部太鼓、腹部太鼓、胸部太鼓、手部太鼓、臉部太鼓。

人體猶如鼓面，藉由穴點，傳至經絡線，再到體表面，將所有廢棄物如同音波四散而虛無。

操作方式最經典的口訣就是：**按、摩、推、滾、揉、點、擊。**

按：用太鼓能量棒在穴位上有節奏地輕按加壓；

摩：用太鼓能量棒在皮膚或穴位上進行柔和的摩擦；

推：用太鼓能量棒向前、向上或向外推擠皮膚肌肉；

滾：用太鼓能量棒朝經絡或肌膚紋理方向滾動；

揉：用太鼓能量棒在皮膚或穴位上進行旋轉活動；

點：用太鼓能量棒使勁點壓穴位（僅限部分穴位）；

擊：用太鼓能量棒拍打肢體。

七個字、七種技巧即可讓自己行雲流水，隨時帶給有緣人奇妙的放鬆、解脫之感受。是一種助人之妙技、是一種孝順、親子、夫妻、情侶之間的藝術，最重要的是能增加您收入的專長，因為這是一份高尚而充滿愛的服務。

當然，八種太鼓養生術中，頭部是最基礎也是最方便的，不論是坐著、躺著、趴著都能操作。因此，美髮系統也開始大量運用。

頭面部循行之經絡為「諸陽之會」，所有手足之陽經均會於頭面部。陰經屬臟、陽經屬腑。任督二脈也是在頭面部交會，一共有八條經絡循行於頭面部，是經絡氣血匯集最強之部位，也是反應全身健康狀況最快的一個區域。即十四正經皆走其上，並在頭部交接，人體的經絡病徵會在臉部有所反應。

運用完美調理精油、酷精油、原木梳、太鼓能量棒，即能輕鬆省事不費力的達成完整的頭面經絡 SPA，堪稱史上最無敵的養生 SPA。

石波活絡術

每一種生命都有其特質,每一種植物、礦物都有其特殊的使命,等待咱們發覺、研究、善用。

我總覺得,大自然所有的一切已足以解決所有人類的問題,無需科技!

越是研究,越覺得原始最好;越是探討,越覺得天賦足矣。

只是我們都忘了天賦的本能,拋棄了原始,迷失於科技,造就了時代另一種深沉的迷信。

石頭是大地愛的結晶,是地底吐納的熱情。在一番折騰之後逐漸冷卻,無聲無息,卻將濃郁的愛往內收斂。經過千年、萬年、億年,無人問津。人類開始運用其踏實、躲藏、防禦,也開始運用其堅硬、攻擊、切割、點火。然而,人們忘記了他的能量,孕育在深層的石心裡。

石心就是石頭的心,看似靜止的古韻,卻是不曾停息的釋放著自己的頻率。每顆石頭有其自己獨特的組成元素,有雷同的夥伴,有大異其趣的另類。不同頻率,事不關己,只能靜靜在那裡。

一直到,有一天人們將他帶回家。開始琢磨他,開始展現他的亮麗,才發現原來每個石頭都有他的美麗。此刻,就是共振的頻率,石頭遇到了知己。

石頭開始有了被重視的感覺,不必再忍受屋外的刮風下雨,於是願意守護著真心對待的人兒,奉獻自己。

　　這一天，石頭說話了，用以心印心的方式告訴了我，石頭不只是外在的工具，而是最貼心的朋友，可以隨身攜帶，隨時對他說話，告訴他自己心中的願望與苦悶，告訴他身心靈的病灶與委屈，他都可以為我分憂解勞、化解問題。此刻我才發現，石頭不是石頭，而是我不說話的朋友。

　　既然石頭擁有頻率，就會有情緒，就會有波長，就會有共鳴，就會有能量的正負反差。於是我必須對其先行用愛灌溉，賦予其正能量的滋潤，助長其正能量的使命。我為他注入我真誠的祝福，用億萬年前的玫瑰鹽消除他的創傷記憶，這不是隨處可得海鹽所能替代。用各種植物精油浸潤他的身軀，用音樂的波動激勵他的靈魂，直到他被我的愛所感動，此刻石頭已是聞聲救苦的菩薩，我給了他一個新的名字──「活絡石」。

　　在經絡的自然走向中滑動，在力道與心念結合的過程，活絡石振盪著愛的波動，直達筋脈，化解堵塞，毀滅氣結，開始用快樂取代了傷悲，用釋懷取代了憤怒，用平靜取代了波濤洶湧。

　　在十二經絡中暢行，在五行中平衡，在七輪中提升。活絡石以靈性介質之姿，推波助瀾了植物精油的穿透力。

　　給予了愛，傳遞了正能量，卻也將負能量帶回到了自己的身上。此刻又是需要玫瑰鹽水淨化的時候，擦乾了軀體，一滴岩蘭草就是最佳的撫慰。歇息，等待下一次奉獻的時機。

美髮

美髮絕對是美容產業裡的領頭羊，不需幽閉的空間，不必隱蔽的躲藏，一張椅子、一面鏡子、一個沖水槽，就可以開業了。

當然還需要一雙奪標剪刀手，俐落的刀法如同華山論劍般，設計師們過去就如此開始闖蕩了江湖。但，經常也是必須從洗頭練習起，這是學徒年代的必然。站到腿麻掉，洗到手爛掉，只因為成本結構考量的桶裝洗髮精。為了學功夫，也顧不得這合不合理、殘不殘忍了。

終於媳婦熬成婆，會不會變本加厲於後輩，其實只能看這設計師的智慧與靈性水平了。然而，沒有經過摧殘的洗禮，難道就是人道嗎？如同一切要求合理的軍隊，還能夠有戰力嗎？

現在的很多設計師懂得運用新工具、材料，在客戶踏出店門前都是滿意的，因為剪裁後的頭髮可以如同捏陶般拉出一個像樣的胚型，客人回家自己洗完頭後，懊惱才正開始。

為什麼？因為沒有耐心練就師父傳承的刀法，一切講求快速複製，便將美髮最重要的功夫忽略而棄置一旁，真是可惜。放眼望去，現在能夠剪出像樣平頭的師傅還真的不多了。於是我即使出國幾個月，也是熬到回國時才理髮。

當然，如今的美髮藝術主體不在男女老少皆宜的刀法，而是染燙的技術，以及髮絲的編織。染燙不好，但大家都愛，因為年過40後，沒了染燙，多顯蒼老。

燙髮傷髮質，染髮傷身體，但人們依舊前仆後繼，只因為美觀勝

過一切。千萬別說你不在意，除非落髮為尼，不然頭髮確實是端莊禮貌的基礎之一。

三千煩惱絲，惹得煩惱真不少，又不能不關照。其實，應該說三千菩提樹，煩惱即菩提，菩提樹下智慧開。

人們有髮也惱，掉髮也惱，其實懊惱什麼？還得護髮，還得生髮，還得植髮，將有髮的部分撥弄至無髮處，更顯欲蓋彌彰的突兀。

依我看來，男人剃光就好，女人戴上假髮，也該自在。

頭髮的美麗與否，其實關鍵著身體的狀態，從內而外的保養，勝過瓶瓶罐罐的繁瑣。

不要淋雨、不要洗完頭自然風乾、不要生活不正常、不要抽菸、不要壓力大、不要濫用髮品、不要讓自己生病，就不會掉髮。這一段應是多餘的廢話，因為太難了。

將頭髮巧妙的編織，將適當的髮飾妝點在髮絲上，總有千變萬化的驚喜。這是新娘祕書與造型設計務必勤練的功夫，作品拍照錄影集結整理 PO 網，也將是設計師一炮而紅的「成功絲路」。

美容

　　幾乎所有在人身上的美麗工作，我們都可以稱之為美容。但，此處我們要探討的只是臉部，現在越分越細了。30年前，臺灣的美容沙龍百花盛開，而今只靠做臉似乎已經很難生存下去了。

　　丙、乙級美容技術證，著重在彩妝，因此做臉的相關「臨床經驗」，總得在實際接觸客人之後才開始鍛鍊，而這些經驗也必須到沙龍學習才能累積，各種學理技術的磨練可謂一步一腳印，因此專業美容師的養成，是一段並不容易的路。當我們看到一位美容師在臺前侃侃而談，在美容床前經典的示範，咱們確實該給予熱情的掌聲。

　　美容是技術，也是藝術，更是與客戶之間心心相印的服貼度。這樣的工作若沒了熱情，是無法雕塑出完美作品的。

　　當美容冠上「醫學」兩個字，就開始了治病的感覺。是皮膚病、因果病，還是沒有自信的心病？快、狠、準的需求，人們把自己當成臘像，打打針、照照光、動動刀、吃吃藥、塞塞料，希望把這種不美的病治好，臣服於病患與醫生的關係。

　　人體是個小宇宙，是個小地球，如同濫墾濫伐造就了土石流，如同濫建濫造積存了地震的能量。地球會生氣，人體也會不開心。有一天，我們回到了家鄉，突然完全不認識了路，找不到熟悉的景象，當我們照照鏡子，似乎暫時滿意鏡中的影像，但也不再有了認識的感覺。

　　一直到生了孩子，才找到了過往，因為那是咱們過去真實的臉龐。

孩子問，為何與爸媽都不像，為何把他們生這樣？咱們啞口無言，卻也不能告訴他們：「等你長大也可以弄得跟爸媽現在一樣。」

我們希望的應該是孩子正常的成長，希望跟自己很像，而不是只將能力的蛻變，移轉到臉上。

在反璞歸真的靈性時代已經來臨，人們將越來越重視心靈內在的環節，而非人工摧殘後的重建。若能以原始的物質以及單純的生活方式，呈現自我欣賞的美，那將是宇宙共振的自在之美。

美容是什麼？

美容是美麗的容顏，呼應自在快樂的心田。

美眉
107

美眉

眉毛的重視由來已久，紋繡染畫的功夫也是風起雲湧，應該說眉毛一直以來都是臉上最被重視的關鍵。一雙大眼睛，睫毛再長，眉毛卻短缺如蟾蜍，那麼也很難有搶眼的過人之處。

眉型基本上要搭配眼睛與臉型，因此並沒有太多的選擇，不會像頭髮那麼多樣化。有光頭卻不會有光眉，有捲髮卻不會有捲眉，頭髮可以很龐克，卻不會有太多人敢在眉上搞怪。漂眉、紋眉、繡眉、染眉，種種技法都是為了讓眼上額下的眉宇顯得軒昂，而不倒楣。

過去紋繡技術總是很難與麻藥脫離關係，遊走於法律邊緣。於是後來開始有了不必麻藥的技術，並且在染劑上下功夫，控制脫色時間的長短。總而言之，能夠保持美美的，一點點痛是忍得了的。然而，這不比畫眉，畫壞了可以打掉重來。洗去染劑如同除去刺青一樣的麻煩，技術與美感不要開玩笑，否則一失手成千古恨！

男性也喜歡做眉毛，因為希望讓自己看起來有精神、有氣勢，於是眉毛的市場不拘男女老少，男人喜歡粗直，女人喜愛細勾。近來卻也很多女性喜歡粗的，有時看來還真不習慣，像極了蠟筆小新，但客人開心就好，因為開心才會開運。

眉型很多種名字，咱們就用四個眉型寫首詩，歌頌一下眉師們的辛苦吧！

柳葉春風吹
飛劍窮寇追
月牙彎彎掛
雙燕比翼飛

美睫

　　這兩、三年的美容展，幾乎都是美睫、美甲的天下，其他的美容業別僅能點綴於其中，可見需求之大。

　　眼睛為靈魂之窗，因此在眼睛的部分下功夫，一直都是趨之若鶩的兵家必爭之地。

　　從彩妝的眼影、眼線，保養的黑眼圈、細紋、眼袋的改善，雙眼皮的割、縫、貼，到現在的有色隱形眼鏡，接睫、種睫、睫毛增長液，無非都是為了讓這靈魂之窗看來有神，望之迷人。因此美睫也進入了春秋戰國時代，各種材料、各種技術，百家爭鳴。有的以美感持久取勝，有的以創意層次奪標，也有的以經濟實惠搶攻市場。除了行銷手法千奇百怪以外，根本留下客戶的方式，依舊是效果與實際感受所衍生的口碑。

　　美睫是一個比美甲更傷眼力的工作，其辛苦絕對不亞於玩智慧型手機的傷害。一根根的睫毛，一株株的愛，深怕傷到了客人的眼睛，可謂修行練耐性的一門功夫。美睫師好比農夫，不能揠苗助長，卻也必須細心呵護，還有消費者自己的植後配合，深怕功虧一簣。「睫農」們沒有陽光的曝曬，卻有著彎腰俯首的插秧感受。

　　但，在立竿見影後的結果呈現，總是兩相得意的滿足，一切也就值得了。

　　美睫師特別要注意的就是，勾勒客戶完美眼神的同時，請照顧好自己的眼睛。也提醒客戶，可以接睫毛，但不戴隱形眼鏡，即使看起來很萌，看起來楚楚可憐，塗上色料的隱形眼鏡，將是眼睛缺氧後永遠的傷害。

　　魅惑的眼神，正是兩眼交會時，不必多說的吸引力。

美體

通常美容業界所說的美體，就是塑身減重與美胸了，延伸出來當然還有其他的局部區塊，美臀、美背、美腿、美腹、手足保養。減重不等於塑身，因為重量可以是水分，可以是糞便，以及過多的體脂、內臟脂肪所造成，透過生活與飲食習慣以及運動的改變，就能夠有顯著的變化。

簡單說，沒得吃，哪來的肥肉？非洲難民們從來就沒有這種困擾。因此當我們喊著要減肥，一邊卻瘋狂進料，如此杯水車薪，會有可能的效果嗎？沒有持之以恆的耐心，時胖時瘦卻也將搞壞了身心靈，為自信矇上了陰影。病態的肥胖當然需要醫療，然而抽脂卻也有著生命的風險，抽脂死亡的案例大家應該不陌生。動用手術產生的完美曲線，卻沒有實際完整的內在結合，經絡處處切斷的後果，其實已經不難想像。

但，醫療也並非都是負面解讀，腫瘤若不移除，那將是擴散全身的隱憂。

很多人會吃所謂的塑身產品，也能拿出檢驗報告，但報告上的檢驗內容物與實際販售的商品經常有很大的出入。於是安心的吃了，快速的瘦了，心悸睡不著、沒胃口，這是「麻黃素衍生物相關系列」症候群，就是「安非他命」的兄弟姐妹——禁藥。即使生命沒有因此結束，卻也在停用後，迅速回歸原本樣貌，甚至變本加厲。

肥胖主要是天生的宿命，因為那是基因導致的結局。少吃多動，在正常的身心狀態中找到自己最恰當的外型。要有著洪金寶般的靈

活，不要有紙片人般的瘦弱，恰到好處方為中庸之美。

美容界的塑身應該是注重在局部的浮肉處理，讓不代謝的結球纏繞破繭而出，代謝正常了，曲線就美了，身心也健康了。但所謂的燃燒脂肪，並不是塗抹椒油類的辣嗆皮膚，因為熱皮只有傷害，並沒有深入。應該是表面不熱、裡面熱，才是真正到位的脂肪自體反應。美體一直是歷久不衰的商機，卻也是謊言充斥最多的泥沼。業者要有良知，消費者要有知識，創造視覺與健康的理性平衡。

美足

為何手腳在表皮的結構上，總要多出一層透明層？因為手腳是全身碰觸外物、摩擦最多、工作最繁瑣的皮膚。

手要抓取物質、工具，甚至要承受溫度、酸鹼度較大的變化，腳要走路、跑步，是變換位置的主要憑藉，可見手腳所被賦予的責任何其多元。於是必須給予更多的保護力，才能承接各種大自然的摧殘。

手因為放在眼前，受到的呵護總是比腳多，能夠將足部顧好，手部所接收的待遇就不可能差了。

人們會經常洗手，卻只有在洗澡時順便洗腳，而且大多不是很認真。於是香港腳、灰指甲、龜裂、硬皮、長繭、腳臭，在每個人的生命中總有幾項會報到。發生時，病急亂投醫，好一點就再次選擇忽略，問題因此越來越嚴重。

腳底是人的第二個心臟，如果沒有照料好，必然隨著年齡的增長而每況愈下。如果養成每天自己捏捏腳 5 到 10 分鐘的習慣，除了身體會較健康，並且也會因此呵護到腳的皮膚與肌肉。

洗腳是必須認真搓揉的，腳底、腳背、腳指頭，還有縫隙間，最常被忽略的就是縫隙，真是魔鬼藏在細節裡。

腳不去角質，那麼就容易藏汙納垢，黴菌、細菌滋生；腳不穿襪子，總愛穿拖鞋東奔西跑，那麼就容易後跟龜裂、疼痛醜陋；腳不經常洗淨，愛隨便穿別人的鞋子，那麼灰指甲、香港腳就容易染上，一旦染上就不易斷根，黴菌殺不盡，悶住濕又生。

因此，給各位一個標準的建議，那麼您的腳將可能是您全身最滿意的一塊基地，不要再有「全身皆美麗，唯有腳兒不爭氣」的遺憾。

美足標準程序：

1. 每天洗腳皆用肥皂與沐浴用菜瓜布搓洗，那麼角質就不會有陳皮之虞。

2. 洗完腳務必以布擦過，再以吹風機之熱風全腳吹乾，尤其腳趾縫更不能放過。**兩腳各一滴「臺灣茶樹精油」均勻塗抹，同樣著重於細縫，那麼要感染也很難了。**

3. 在家盡量打赤腳，出門務必穿襪子、穿包鞋。不要以為涼鞋方便、性感，那是居家的方便設計，不宜遠行。

4. **若有乾燥之現象，請視乾燥程度塗上保養乳液、霜或油。輕度的乾燥用乳液即可，嚴重就用油。什麼油？滋潤即可，非洲迦納的「乳油木果油」最好。**

5. 一週一次去角質，酵素或黏著式脫屑的凝膠皆可。但不建議使用顆粒狀的磨砂型去角質，不是沒效，而是都是「PE」塑膠顆粒，環境無法分解，還進入了食物鏈的循環。

若能依上述方式保養，再加上美美的指甲，那麼您也將有一種「自戀的滿足」。

美甲

任何彩妝要說純天然，那麼我想很難有絢麗的七彩。尤其是在美甲上說這些，那是畫蛇添足的謊言。

從事美容產業多年來，我總告訴大家不要有天然訴求的迷失，連保養品也不可能有這種東西，除非是「無水」的「精油保養品」。只要有水就會腐敗，滋生菌種，就要添加防腐劑。只要製造成霜劑、乳液，就要添加介面活性劑「乳化劑」。天然的防腐又是另一項神話，於其他篇幅論述。就像藥品廣告說不含類固醇、不含阿斯匹靈，也是加了其他的 NSAID 一樣，彷彿沒加的是毒藥，有加是仙丹，愚弄百姓。

話拉回來，美甲在這幾年突然盛行，似乎完全超越了美容、美體的需求。為什麼？

因為流行，因為好看，因為繽紛，因為我喜歡。確實，美甲的風行是一種瘋狂，並且會歷久不衰。因為你可以想像全身美極了，就只有指甲上還殘留著汙垢，甚至如同狗啃的灰指甲，這樣的狀態必然減分很多。

即使不為悅己者容，自己看來也賞心悅目、心情美麗，工作效率必然提升。

美甲的多元性不勝枚舉，但畢竟是藝術的一環，沒有美感的操作者也很難有像樣的作品。

因此美甲師除了技術的鍛鍊外，更需要提升自己藝術的氣息，要把自己當藝術家，不要當工匠。但藝術家的固執不能殘留在服務的

習性上，以客人之喜好為喜好，只能添加附加價值，不能徒增彼此困擾。

若能在生命靈數上下點功夫，給予幸運色彩的建議，給予靈性的分析，除了增加話題外，更能讓客人衍生新的希望與興趣。

美甲必然會用到比較強烈的化學物質，因此手部必須經常保養。因為手指是神經的末梢，對於毒性物質的吸收也很敏銳。不必自己嚇自己，卻也必須自己懂得保護自己。

兩害相較取其輕，在美麗與健康的當中取得平衡，才是智慧的選擇。

美甲藝術確實是舉手頭足間，亮眼的關鍵。

服飾

　　佛要金裝，人要衣裝。從原始的人類開始，所有的紀錄都證實，人類是唯一懂得裝飾自己的動物。從遮醜到求偶，從防護、保暖到美觀。服裝與飾品的點綴盡是人類行為的自然。

　　即使現在的原始部落，我們更看得到七彩爭奇鬥艷之奪目，因為這是人類的本能。隨著因緣與資源的不同，古今中外之服飾各有其特色。

　　有的強調典雅，有的強調氣勢，有的強調方便，有的強調性感，更有些強調各種不同的功能與特殊效果。

　　舞臺裝、禮服、戲服，總不可能穿在街上；泳裝、情趣內衣，總不可能出現在廟堂；袈裟、道袍，總不會在稻田裡穿梭耕耘。因此，服裝總有場合與身分地位的象徵意義，這也是人類不必開會就已取得的共識。在視覺上，必須有協調感，雖總在叛逆的年代被挑戰，卻也在年齡增長後回歸正常。

　　鞋子似乎是全身上下的關鍵，一雙合宜的鞋子，便能減少上身的不搭。一雙殘破的步履，卻也毀滅了全然的美感。

　　裝飾總是畫龍點睛的一環，裝飾品被重視的程度遠遠超過所有的服裝。不然，為何鑽石如此昂貴，真金如此典藏？

　　因為人們在滿足了食衣住行之後，虛華的高貴便是永遠追求的方向。

美味

　　味道分為味覺與嗅覺，透過味蕾的感受是味覺，透過鼻腔的吸入是嗅覺。味覺是獨享的體驗，嗅覺卻是同步周遭的分享。本篇主談嗅覺。

　　萬物皆有其味，如同萬物皆有頻率、都有顏色、都有光芒。無色也是一種色，無味也是一種味，如同無聲並非真的無聲，而是人們實際聽不到的音頻。於是，我們終於懂了，萬物之味皆有其特定的展現目的，為了吸引、排除或者共振。

　　就像《香水》這部電影，男主角「葛奴乙」可以聞到世界每一個角落、每一種完整的味道，而知道這些味道個別的使命。他最後所創造出來的香水是殘忍獵殺目標中的女性，非為己之行為，令人玩味，卻在電影中具體呈現了「味道」影響生命中所有的一切。

　　味道可以來自植物、動物、礦物，這是大自然的味道。而今味道卻可以來自化學演變的創造，雖然這是多元的變化，豐富了更多的嗅覺感受，卻也無奈的，化學合成的氣味逐漸衍生了傷害。

　　香水是偉大的藝術，卻因為化學香精的問世，消失了原始的美感。從天然的感動，轉為矯情的迷惑。

　　1874 年第一個化學香精「香蘭素」被合成出來之後，從此逐漸人工取代了天然，化學替代了自然，即使足以亂真，卻少了既有的原味靈性。如同身體一切的物質都可以被創造，但人類永遠無法創造靈魂。

新娘祕書

　　婚禮是女性一生中最昏頭轉向的一天，興奮中帶著煩躁與不安，期待中摻雜著不捨與未知，忙碌中淚灑禮堂，雀躍中粉墨登場。

　　若說攝影師留下美麗的畫面，新娘祕書則是塑造完美記憶的最大功臣，但這如同影視圈的彩妝師，永遠在幕後全程陪伴，只為了創造女主角精湛演出時的繽紛奪目。

　　新娘的祕書，忙碌絕對不輸新娘，如同總經理的祕書正是打理總經理一切行程的關鍵，堪稱比總經理還總經理的角色。於是，**新娘祕書必須比新娘還新娘，才能有新娘分身的完美打造。**

　　彩妝上蛻變的容貌，頭髮上皇后般的尊貴，搭上數件禮服，穿梭在婚宴的走道上。親友們聽得到主持人的熱場，聽得到主婚人百感交集的不知所云，看得到嫁女兒心情的錯綜複雜，看得到爭相合影的同學、同事，看不到新娘祕書汗流浹背的手忙腳亂。

　　然而，當婚紗攝影後，婚禮、婚宴落幕後，新娘祕書的成就感便扶搖直上，因為這是她們的作品，是她們的榮耀，是她們的使命。

　　在每一筆色彩畫上的瞬間，在每一束盤根錯節的髮絲上，您看得到幕後功臣的喜悅與祝福全在尖上。

　　能夠成為一個稱職的新娘祕書，必然有著十八般武藝多元的強悍。能夠一步步的成長，必然將創造自己更多元的發展。新娘祕書們，設定自己的方向，大師級的風範，就在您雙手可以摸到的每一個地方。

盆栽

　　你一定有同樣的經驗，在花市裡看到了美麗奪目的盆景，左看右看後挑了幾盆回家，經常不到一週，枯萎了。去花店問為何如此，得到的答案與到水族館養魚差不多。

　　水族館會給你一堆配備，告訴你換水的訣竅，要加東加西，溫度菌種都要平衡，但最後還是會有一些死掉。你總需要自己好好的研究，養死了一批又一批。最後終於成為了養魚達人，不但不用再買魚，還可以量產出售，這是經驗累積的自然。

　　但大多數的人都是一種換一種，一缸換一缸，慢慢的累了、煩了，魚也死光了。最後留下空蕩的魚缸，問問親朋好友有沒有人要，然後延續著這個魚缸的「六道輪迴」。

　　肥料、土壤、盆器、鏟子、裝飾，相關配備花店一應俱全，但是很多的香草、樹苗都活不了。

　　花店說很簡單，要曬太陽、要換盆子、要土壤乾了再澆水，因為沒水會枯萎，水太多根也會爛掉，務必講求中庸之道。全盤照做，還是死了。

　　一株又一株，一盆又一盆，最後終於也懂了。有人放棄了，有人卻開始讓種子也能茁壯開花結果了。

　　原來植物生命三要素，陽光、空氣、水，必須在一種平衡的狀態下供應，植物自然就能生存得很好，並且讓人同步感受它們的喜悅。

　　小苗不能風大，新鮮空氣不能少。就像人們怕悶，缺氧情況很糟糕。別去管他晚上呼吸，白天光合作用的理論，別管他是要氧氣還是二氧化碳，這些只要通風就都自然存在，不必你精心計算。

陽光大時，水不能少；陽光小時，水不能多；卻也不能在光大時澆水，因為此刻的根會很適應不良。就像口渴時不能大量喝水，飢餓時不能吃太多，否則反而會遭殃。

　　人的美麗也是如此，沒有一種保養品可以迎合四季的變換，可以順應早晚的需求，更沒有永遠沒有情緒的皮膚。

　　女人除了會老，更重要的是身體隨著月亮圓缺、潮汐起落，在皮膚上也自然呈現不同的樣貌。細細觀察，你會發現何時是漲潮，何時是退潮。當遇到經期來到之際，便是天狗蝕月的翻攪。

　　在美容院，女人像花店裡的盆栽；在家裡面，女人像是屋裡的花朵。

　　若不能自己細心照料，請記得定期回到花店裡，經過園丁般的巧手，重新翻土，滋潤再造，一抹陽光便顯燦爛，即使夕陽也是輝煌。

C 靈性之美篇

醫師再強，也無法救治一個真心不想活的人；

美師再優，也無法美化一張毫無快樂的皮囊。

美麗若只是毛髮，那是沒有喜悅的軀殼；

健康若只是身體，那是沒有魂魄的血肉。

運用植物的靈魂，植物的精華之精，灌注於身心靈的平衡，這是大自然植物偉大的奉獻，也是天地造物時留下的祕密。

療癒無始以來的創傷記憶，

啟迪生命天賦的原始本能，

創造內外通透的靈性之美。

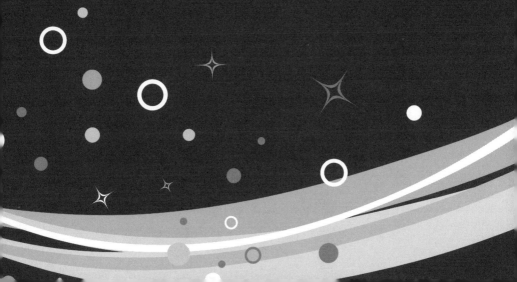

精油的來源

　精油（Essential Oil）的來源，乃是由植物的根、莖、花、種、果、葉、皮、脂、心中所提煉出的物質（常溫下為液體）。其實精油不只是油，精油大多是一種高揮發性的液體物質（部分基調的精油除外），分子量小；而一般的所謂的油脂卻是屬於低揮發性的液體，分子量大，像豬油、牛油、大豆油、花生油都是屬於真正的油脂。

　精油堪稱為植物的精華之精，扮演著植物自身極度重要的角色，植物的免疫系統也可說是全部仰賴植物自身的精油。有此一說，植物精油通常存在於植物細胞壁的外側，當植物受到侵害損傷時，植物精油就會穿越其細胞壁，進入細胞為細胞作修護重建的動作，堪稱為植物細胞的守護神。

　所有的植物都有自己的精油，但是為何市面上很多植物卻也都沒見過有它們的精油在販售？這牽扯到幾個問題：

1. 不容易被提煉採集：玫瑰花、茉莉花精油之所以昂貴，因為稀少、提煉不易。但是有一些植物的精油更少，根本沒被開發，也沒被研究其價值。那是因為這些植物太少太少了！就像天山雪蓮你聽過，但是應該沒聽過天山雪蓮精油吧？西藏紅景天萃取膠囊你吃過，卻也沒吃過紅景天精油吧？

2. 沒有利用價值：其實這句話言之過早，很多過去大家並不重視的東西，突然有一天發現其特殊性時，身價將翻了又翻。

3. 油脂成分太多，很難分離出所謂的精油：就像我們吃過花生油、葵花油、麻油……，卻沒見過花生精油、葵花精油、芝

麻精油吧?也因為這些油脂量大,又不具備分子量細小和快速吸收或揮發的特性,因此並不符合所謂精油的通則,再來它們也不算植物的免疫系統。更重要的是,這些油脂的分子主要依然為脂肪酸之類,所以就不列入精油之內了!基礎油為什麼不算精油,也是類似的解答!

4. 根本提煉不出,也或許這個植物真的沒有精油:只是或許有一天又被發現甚至可以成功提煉了,這世界似乎就是如此奧妙!

精油不只是油!也不是一般的油!精油算油卻又不油!精油分子量小、易揮發、易吸收、可以進入血液循環帶入全身。芳香療法談的是這些物質對身心靈的幫助,而不是像油脂一樣對皮膚的滋養!

精油的萃取法

　　植物精油的大多成分都是溶在油脂裡的，屬於油溶性成分，當然其實有一些重要物質也該在精油之中，他們卻是可溶於水也可溶於油，這類的物質就具備介面活性的功能！

　　精油的運用已經很多年，但是其中的奧祕卻也必須繼續深入研究、慢慢解密，畢竟生物的一切，太多太多的地方本來就是解不開的謎！

　　精油採集提煉的方法有：水蒸餾法、紙吸法、浸泡法、冷壓榨法、油脂分離法、溶劑萃取法、超臨界流體萃取法等。本篇並不一一論述這些方法的細節，而是要告訴各位其中的利弊。

　　大多的萃取方式都不會有太多的問題，只是專業的芳療師都忘了提醒消費者，溶劑萃取法所提煉的精油可能產生的可怕後果！當然也不能怪這些芳療師，因為大多數的芳療師即使得到了所謂的國際認證，他們依舊不懂化學！

　　過去筆者在做研究的年代，有機溶劑是每天必定接觸的物質，即使手沒碰觸到，實驗室的空氣中仍然散佈著大量的有機溶劑的氣體分子。

　　一開始，我們都會很小心，戴活性碳口罩、手套，穿實驗衣，一切的裝備都很專業化，但是進入研究所之後，不知道是懶了還是知

道這樣子的防護其實沒有太多的意義，因此，實驗衣不穿了，口罩、手套也不戴了！很認命，化學人的工作空間就是如此！當然這樣子的做法與轉變也不是我的專利，問問現在還在做研究的這些科學家們，看看是否他們也如同我一樣大膽，答案應該是……好像大家都這樣吧！

曾經有一段時間，我必須大量接觸的是二甲苯（Xylene），這讓我更是無可奈何，因為實驗用的各種橡皮手套都無法抵擋它的可怕穿透力，那段日子我的手都是二甲苯的味道，甚至有時還會不自主地顫抖，我的鼻腔、口腔也都是二甲苯的氣味，揮之不去！連睡覺作夢都還可以聞到二甲苯！這種感受你可否想像？

念化學的人都知道有機溶劑的可怕，念化學的人都清楚**有機分子與有機溶劑緊密結合不易分離**的道理，但是芳香精油的工業世界在現階段卻大量使用，放棄了古法而採取有機溶劑萃取法。為什麼？因為快速、大量、降低成本。

親愛的朋友，如果他們所用的溶劑是藥用酒精，那麼危害應該最少，了不起就是醉了，最多酒精中毒而已！如果是揮發性更高、萃取效率更快的乙醚與丙酮，那麼殘留溶劑的後果就不是三言兩語所能形容了！

用有機溶劑萃取法所取得的精油快又便宜，這樣的精油您敢用嗎？太便宜的精油您敢用嗎？如果旅館所提供的泡澡精油根本不是精油，甚至在成分標示上還明確地加上「Solvent（溶劑）」，這樣的泡澡輔助用品，您敢泡嗎？

胡亂泡澡問題多，不如回家泡鹽巴就好！

精油的作用

　　精油的作用可以說是非常多元化，各種不同的精油有各種不同的功能。當然我們也必須考量精油的等級，才能來論定其作用與功能究竟是什麼！

　　目前全世界的精油，可以說沒有一家精油工廠所有的精油都由自己生產，因為沒有一個國度所有的植物都種植，這些工廠大多向產地國購買精油之成品或半成品，再來加工與分裝。

　　有人把食品用精油也列入分類，其實食品用應該就必須是芳療精油，並且瓶上還會標示「FCC」字樣，應該就算是可食用的。但是現在市面上可以吃的精油並無標示「FCC」字樣，因為怕消費者看不懂；不能吃的卻標示「FCC」，這又是因為生意人的居心不良或者只是裝懂。

　　其實筆者建議讀者，沒事不要亂吃精油，因為你不知道是否真的能吃，即使可以吃，你也不知道怎麼吃！

　　吃出問題那就不好了！除非你真的真的已經非常非常了解精油了！**衛生署對所有化妝品廠商發佈公文，明文規範，所有化妝品原物料、半成品、成品，務必標示「禁止使用於食品」**。若經銷商依舊知法犯法，那就是非常無腦的行為了，違反法令事小，違反人性事大。精油之所以稱為精油就是濃縮中的濃縮，只要一點點就會產生很大的作用，經皮與嗅吸還有點緩衝力，直接稀釋配食除了量過大以外，恐怕傷及消化系統的黏膜組織。

　　芳療精油可以用來提升免疫功能、改變人體與環境氣場、淨化室內空氣、殺菌、直接提供皮膚細胞營養和能量，簡單來說就是身心靈的同步調理！精油廠透過芳香療法師的配方，再調配複方純精油與複方按摩油，以提供各種需求的使用。對於人體各個系統的改善，都可以有很明確的效果，這是臺灣醫學界一直不想承認與面對的問題，甚至極度反彈！芳香療法是一門大學問，就讓專業的芳香療法師有一個發揮的空間，不要否認別人的專業，只為了成就自己的事業！就如同各種門診的分類一般，專業分工，才能一門深入！

　　當然，筆者更加希望讓芳香療法的概念普及到每個家庭，讓每個人都能夠多用精油、少用藥，鍛鍊自己成為簡單幾種精油的專家，改造自己的身心，創造家庭的健康與幸福！

精油的使用方法

精油的使用方法可以説是千變萬化！

但是也應該有一些基本的原則。

薰、吸、抹、按、泡是最標準的方式，千萬不要燒！不要吃！

但是過去燒的方式卻大賣，可見銷售成效來自於行銷機制而非專業基礎，近來吃的理論也橫行。胡扯、亂扯的理論竟然口耳相傳，充斥社會之中，這是民眾的大大悲哀！

先不論廠商所謂的燃燒方式的薰燈裡面，所加的精油是真的精油還是假的精油，但是其中所加的溶劑卻是**異丙醇**，並且占的百分比太高，甚至有的將近 95%。

讀過國中理化的人都知道，碳水化合物燃燒之後就是變水和二氧化碳了！

廠商會説有效的物質是那些精油，那就更可笑了！

因為精油之所以有效，是它本來的分子結構，一旦燃燒之後就完全變性了，會產生什麼變化，誰又知道？萬一燃燒後的產物是有毒物質怎麼辦？

曾經我到過一些營業場所，還有朋友的住家，他們正點著這種精油薰燈，盛大地歡迎我這個貴賓。但是，我卻二話不説請他馬上熄掉，否則掉頭就走，因為一進門就頭暈了！這樣子的商品竟然能夠大賣，可見消費者無知到可憐……

薰燈應該是用蒸的，即使加熱也必須透過水的隔水加熱才可以，因為精油遇到太熱的溫度也會產生很大的變化，否則精油為何要放置陰暗處？並且瓶子都必須用茶色、藍色、綠色甚至黑色的不透光玻璃瓶保存呢？**就是怕因為熱或光會造成精油的變質，變質之後不但沒有效果，甚至產生毒素！**

接著為各位介紹精油的五大使用方法：**薰、吸、抹、按、泡**

1. **薰**：薰不是燒，不是直接加熱，而是隔水加溫，讓它慢慢揮發至空氣中。這樣子的功能比較屬於淨化室內空氣，因為濃度比較低，對呼吸道並沒有非常快速的影響。水氧機、氧泉除了利用超音波震盪外，其實依然歸屬「薰」的這個方法。

2. **吸**：吸的方式有很多，滴在手中、滴在口罩、滴在手帕、滴在衛生紙，再靠近鼻子吸入皆可。此種方式對呼吸道的修復維護較具功能。

3. **抹**：對於身體各部位的改善，當然薰、吸皆有助益，但是直接塗抹透過皮膚進入血液循環，直接改善局部的問題，包含皮膚紅腫熱痛癢的問題，也可以藉此方法解決。

4. **按**：按摩這個方法是需要別人幫忙的一種方式，透過基礎油的延展，讓植物精油的配方進入到全身，這對於調理身心靈也都具有同時進行的效果。

5. **泡**：這個方法是我的超級最愛，比起泡溫泉，我卻寧可選擇在自己家中的浴缸，滴幾滴精油，隨心所欲調整配方，自由自在控制時間與水溫，甚至加上自己喜歡的音樂，完全放鬆！

當然坊間還有很多奇奇怪怪的方法，但是如果不是運用此上述五種方式，那就可能會產生問題，請消費者千萬注意！

黑心精油

■ 好酒、劣酒和假酒

酒	特性
好酒	甘醇順口
假酒	謀財害命
劣酒	辛辣刺激

■ 好精油、劣精油和假精油

精油	特性
好精油	質純無虞
劣精油	殘留溶劑
假精油	添加香料

　　以上的簡單分析，應該已經讓您很容易明白好、壞精油的特性，更藉由酒類的好壞真假，來對應精油的品質問題。當然這裡不是要教大家品酒，只是要告訴各位：用對了精油，幸福美滿；用錯了精油，花錢買「罪」！

　　到現在還有很多人會喝到假酒，如果這假酒用工業用酒精調配，那麼輕則失明、重則喪命。那為什麼不斷地還有人製造假酒呢？因為賠錢的生意沒人作，殺頭的錢搶著賺，傷天害理只要能夠賺取鈔票的事將永不停息！黑心黑心，臺灣都在報大陸黑心商人賣黑心

貨，以人口比例來說，臺灣比起對岸應該是更高了。因此，精油市場越來越蓬勃發展之際，養生觀念越來越普及社會的狀況下，黑心精油的出現似乎無法避免了！

只是如果消費者能夠增加這方面的知識，那麼不但可以避免黑心精油的傷害，還能夠享受芳香療法世界的樂趣，畢竟只要生活在精油世界裡的人，生命的感覺確實是與眾不同的！

其實我也遇過用香精來調配精油的廠商，可以滿嘴仁義道德，說法也似乎有一定程度的專業，偶爾講一些專有名詞，只是為了增加他的可信度。然而，調配的精油中，卻加入了純精油也加入了香精，這樣的調配方式，若不是專家中的專家其實是分辨不出來的！但是，這對消費者的損害有多大你可知道？這種黑心廠商卻依然可以打著非常響亮的廣告，繼續擴大事業版圖，你說悲不悲哀？

這種情況跟社會上層出不窮的宗教迷失，神格化的斂財神棍，有著異曲同工之妙！當你身陷其中，這一切都是真的！當你恍然大悟，這一切也都來不及了！

有機溶劑害人不淺

很多人都喜歡談有機。農業喜歡談有機植物、有機肥、有機栽種、有機食品，因為這是增加農產品價值與價格的有效方法！

這種有機所談的是沒有汙染的、土壤的豐富種種衍生的價值！

化學系、化工系的學生喜歡談的是有機化學，這一門學問讓很多學生修了再當（不及格）、當了再修，因為這一科是必修的學分。

生物學家、考古學家喜歡談的是有機體（含有碳、氫、氧等元素的物質），因為這代表著生命的存在（至少曾經存在）。

　　然而，在日常生活的用品中，尤其是保養品與精油，特別是精油！如果這裡面含有有機溶劑，那麼你使用之後將會對人體有著無法避免的傷害！

　　什麼叫做有機溶劑？以碳、氫、氧等元素為主體的溶劑就是有機溶劑！

　　那什麼又叫做溶劑？可以溶解溶質的物質就叫做溶劑。（當然，這個部分在專業物理化學的領域裡解釋並不只如此，於此不多論述）

　　有機溶劑最常見的有哪些？酒精（乙醇）、甲醇、異丙醇、乙醚、丙酮、甲苯、二甲苯，這一些有機溶劑進入人體之後，對人體將會造成一定程度的傷害！然而，很多廠商把這些有機溶劑當作原料，甚至製成產品。天啊！你可知道這一切有多可怕？對於肝、腎、神經系統都有很大的破壞作用。舉幾個例子想各位說明其可怕性：

1. 若將酒精加入保養品當中，這對於溶解老化角質當然有幫助，但是同步也破壞了皮脂膜，對於皮膚免疫機制的維持，是一種大大損傷！

2. 如果配方中的酒精是由藥用酒精來當原料還好，但是如果用工業用酒精那就可怕了！很多人誤以為工業酒精添加甲醇，無不無聊？甲醇又不會比較便宜！是因為工業酒精多為合成製品，在酒精合成的過程當中，甲醇就是副產物，並且很難完全分離，因此都會有所殘留！幾 C.C. 就足以要人命，輕微也得失明！致命的假酒就是添加便宜的工業酒精，而非另加甲醇！這一段看完有沒有豁然開朗啊？

3. 指甲彩繪要去除時，大家經常都會使用去光水，這個去光水就是丙酮，這個在化學工業中大量使用的溶劑，對肝臟的損傷令人聞之色變。丙酮揮發性雖高，但被皮膚吸收、進入血

液的比例將更高。

4. 各位應該都看過電影，電影中總有歹徒為了迷昏對方，用一張手帕搗住對方的口鼻，經過一番掙扎就昏倒了，以前很多人以為是襪子太臭了，原來裡面加的麻醉劑就是乙醚！

5. 經常聽到油漆工昏倒、中毒甚至死亡，為什麼？缺氧嗎？不是！因為油漆經常以甲苯、二甲苯當溶劑，才能讓色料均勻分布，而這種傷害不死也會致癌！

看到這裡是否已經嚇死了？如果您現在還活著，請吸一口氣再平靜往下看。這個章節主要是在談芳香療法，為何會提到有機溶劑？難道只是為了講幾個小故事嗎？當然不是！我們依然分幾點向各位說明：

1. 萃取這個詞大家都不陌生，然而萃取的原理，就是運用物質於兩種溶劑中不同的溶解度將物質分離！

2. **水是最安全的溶劑，**偏偏溶解的能力不佳，對於水溶性的成分尚可處理，但為了增加溶解力，經常以酒精萃取，如果用工業酒精那就可怕了。而食品的有效成分萃取，經常使用的就是酒精！

3. **精油既然有一個油字，那當然屬於油性了，而這個油性物質如果不是用油來萃取，那就得用有機溶劑了！**

4. 很多精油在提煉的過程當中，為了降低成本、提升效率，用有機溶劑萃取似乎已經理所當然，最常運用的除了酒精還有丙酮和乙醚！

5. 如果萃取之後，這些有機溶劑可以與溶在溶劑裡面的萃取物完全分離，那當然也沒關係，偏偏精油的複雜性你可能不知道，精油的靈敏度、反應力你就不難想像，就因為精油成分的靈敏度和反應力，因此很容易與有機溶劑緊密結合。

6. 並且精油和有機溶劑的沸點經常很相近，想要在這種萃取過程的結合之後再將他們完全分離，難上加難！這時候，又有一個成語可以來形容這個現象，那就是「藕斷絲連」！

7. 當我們將含有有機溶劑的精油使用在我們的身上、塗抹、按摩、泡澡或直接吸入時，精油帶給了我們芳香療法的效益時，同步也將有機溶劑帶給了我們！

因此，購買精油如果不是向一個值得信賴的專業廠商購買，您用得安心嗎？您如果是所謂具有國際認證的芳療師，恐怕上述的這一切您也不知道吧！當然，這不是芳療師被訓練的內容，有無殘留有機溶劑也不是豐富的芳療經驗所能分辨，但是當您知道了這一切，您將會更加小心！免得害了別人也害了自己！

精油之包裝

精油有著共同的特質，珍貴易揮發，低調卻奢華。

於是精油的包裝不必花俏，只能用深色玻璃瓶、鋁罐、鋼瓶，深怕內容物滲漏、揮發以及光線引致之質變，還有與瓶器產生之變化。

坊間有很多按摩精油用著塑膠瓶，以押頭擠出使用，這是錯誤的用法，塑膠瓶子會溶出塑化劑、單體，以及不可預知的變化，壓瓶內包含吸管也有塑料，因此噴瓶也會產生堵塞，就是因為精油與管線反應所衍生的結果。

精油瓶的內塞務必為惰性較高的 PE，以防溶解與滲漏。

按摩油的包裝，經常會發現使用一段時間後，瓶口會有氧化的油垢味，以為瓶內的油也已經氧化，即使還沒，也不遠矣。

於是按摩油以小包裝提供，甚至於一次性使用，即使用不完客人也可帶走運用，這是市場越來流行的趨勢。

小包裝、多樣化，是對消費者有緣參與的慈悲，也是對自己降低行銷門檻的機會。

這世界希望我們擁有中庸的智慧，行銷與機會卻經常是極大化與極小化的極端選擇，在經濟與方便中取得決定關鍵的內在平衡。

天然與合成

「天然的最好！」多有名的一句話！

在吃的方面，如果有合成水果你會吃嗎？

為了不殺生，如果有所謂的合成豬肉、牛肉、雞肉，你會買嗎？

答案應該都是肯定的！肯定不會買、不會吃！但，為什麼？

因為沒有營養？因為失去了真實性？

不！最重要的，應該是要思考這一切會不會有什麼後遺症！

精油的合成，很早以前就已經有人在運作了！但是最後的結果都只能說是香精了！香精屬於香料，只是擁有了氣味卻沒有實際療效，和精油可以說是天壤之別。

當然市場上魚目混珠的很多，最悲哀的一件事，就是這一切除了接受真正的專業訓練，以及花錢、花時間實際體驗累積經驗以外，只能靠運氣找尋到真正實在的廠商，否則別無他法！

我們先來深入探討精油之精義：

精油（Essential oil）就是植物的精華之精，而這植物的精華之精就是維繫植物生命的根基。

沒了精油，植物無法長存；沒了植物，萬物無法延伸！

大地孕育了植物，植物綻放了氣息，氣息鼓動了生機，生機豐富了大地，大地再造孕育力，生命不曾停息。

因此精油造就了大自然生生不息的循環之理！

然而這一切尚不足以道出植物精油的神奇,我們以下繼續論述:

鐘鼎山林各有其天性,各種植物也自然有其獨特的血統,每一種植物精油都是極度複雜的組合,這種極度遠遠超越科技合成能力!

即使千萬年之後,依然無法真正完整地複製!如同複製人得以依據基因密碼拷貝,卻永遠不會有誰能夠發明「靈魂製造機」!

這是植物精油的神奇、更是大自然的奧祕!這種大自然的神奇就像──萬有引力。

宇宙運行有其規律,萬物皆有一互相牽引的神祕之力,牛頓發現此力,以微積分定義此力的大小,但卻永遠不能告訴我們此力究竟來自哪裡,只能告訴我們此乃存在大自然萬物之間、萬物皆有的萬有引力!

這種萬有引力是一股莫名的超然能量,你看不到、摸不著,卻具體存在,無法質疑!精油也是如此!因此我們可以告訴大家,合成出來的通通不可能是真正的精油!每一種精油都是非常複雜的混合物,不可能透過科技就能合成,因為生物的本身才是無可取代的生化工廠!

我們再用簡表來比較,您就應該更清楚明白所謂的天然和合成!

■ 天然精油和合成精油比較表

合成精油	石油化學之產物,氣味可與天然植物精油相近,對人體不但無益更有害,具致癌之危險,價格可以很便宜。
天然精油	天然植物萃取,對人體有益,芳香療法之根源,價格較貴,並且不同種類、不同品種,價格都會不同。

單方與複方

我們先來釐清幾個名詞：

什麼是單方精油與複方精油？什麼又是按摩油與純精油？

當這幾個名詞你已經簡單了解之後，我們才有辦法深入談精油！

■ 精油名詞解說簡表

精油名詞	說明
純精油	1. 沒有加基礎油的純萃植物精油； 2. 可能是單一物種——單方純精油； 3. 也可能多種混合調配——複方純精油。
按摩精油	1. 將純精油加入基礎油； 2. 才可以增加延展性與滑順度，方可用來按摩。
單方精油	1. 單一種植物所萃取出來的純精油——單方純精油； 2. 將單方純精油加入基礎油中——單方按摩精油。
複方精油	1. 兩種以上單方純精油混合而成——複方純精油； 2. 將複方純精油加入基礎油中——複方按摩精油。

　　本章節我們主要是來探討，究竟哪些因素會影響單方與複方精油的品質，當然這個部分我們先以純精油來探討，即單方純精油和複方純精油。**影響單方純精油成分的因素為：種類、品種、產地、採集時間、萃取方式。而影響複方純精油效果的因素為：品種、配方、比例、程序。**當然，這個部分我們依然列表說明會更加清晰。這些論述法恐怕很多自命為專家的芳療師們也將為之驚艷，因為這增加

了生物化學的基礎理論在裡面。

■ 單方純精油成分變因分析表

成分變因	說明
種類	1. 不同的物種有不同的特性，而這些特性就來自該物種本身的化學組成； 2. 就像玫瑰、薰衣草、迷迭香這些不同種類的植物，當然他們的成分與功能都將大大不同。
品種	1. 同樣的種類不同的品種，依舊會產生成分的差異，至少在其中的成分百分比會不相同； 2. 同樣是葡萄，為何有的是橢圓形、有的是圓形，有的有葡萄子，有的葡萄子卻找不著，這就是品種不同。
產地	1. 同樣的種類、同樣的品種，當產地不一樣，精油成分也會大異其趣，因為土壤、水質、氣候都不一樣； 2. 就像玫瑰大家耳熟能詳——保加利亞的最好；檀香就要選擇東印度，就是產地差異的最佳例證。
採集時間	1. 種類、品種、產地都相同，採收這些植物的時間不一樣，品質也會有差別； 2. 因為植物和人一樣，也有生理週期，不同的季節、不同的時辰，內分泌怎會相同？像玫瑰花最好的採收時間就是晨露時刻。
萃取方式	1. 上述所有的條件都相同，但是當萃取（提煉、製造）方式不一樣時，影響品質的結果卻也相當大； 2. 尤其如果是用有機溶劑萃取，有機溶劑將很難與萃取出的精油完整分離，如此對使用者而言就會造成傷害。

■ 複方純精油品質變因分析表

品質變因	說明
植物品種	1. 當複方純精油的配方、比例、製造程序都相同時，不代表品質就會一樣，這必須看其中單方純精油的品種是如何的等級； 2. 嚴格來說，其中所加入的每一項單方純精油的成分，變因都必須考慮進去。
種類配方	1. 各種植物精油皆有其屬性與特性，當兩種精油放在一起時都會產生微妙的交互作用，可能是物理性反應，也可能是化學性反應； 2. 當有互相加分的效果時，我們稱之為「加乘效應」，當有減分的情況產生時，我們稱之為「拮抗效應」； 3. 調配精油的配方非常重要的就是種類的適當性與否，品質與效果的加減分，就看這個關鍵了。
添加比例	1. 配方裡的單方精油種類相同時，當添加比例不一樣時，效果也會很不同； 2. 例如薰衣草與迷迭香兩種精油混在一起時，薰衣草的比例比較多時（大於 50%），放鬆的效果將較明顯，反之迷迭香比例比較多時（大於 50%），集中注意力和提神的效果將較大。

製造程序	1. 同樣的配方，不同的添加順序以及時間點的控制，都會造成配方效果的不同，因為當兩種精油混在一起時，都會產生物理性的交互作用，甚至化學性的變化； 2. 當有A、B、C三種精油時，（先將A加B再加C）與（A加C混合後再加B）的情形截然不同。 3. 加的順序一樣，但是混合程序的時間不一樣，結果也不一樣，（A加B後馬上加C）與（A加B十分鐘後再加C）以及（A加B一小時後再加C）這三種情形都會不一樣； 4. 當然製造時的環境條件也都會影響調配結果，這些環境條件包含溫度、溼度、壓力、真空度、攪拌速度……等； 5. 這一項論述很多精油廠商或者所謂芳香療法師恐怕都不懂，因為這牽扯到複雜的生化反應。

如果你是消費者，這篇將增加你的消費知識；

如果你是美容師或芳療師，這篇將增加你對消費者的説服力；

如果你是精油廠商，這一篇將增加你提升品質與效果的思維。

因為複方精油並不是將所有配方加在一起、攪一攪就算完成任務的喔！

純精油與按摩精油

　　純精油與按摩油的差異在哪裡？其實不管單方或複方，就只差在有無基礎油罷了！

■ 純精油和按摩精油

精油	說明
純精油	1. 不含基礎油，揮發性高； 2. 根據不同需求，根據精油不同的屬性，可用於直接吸入、滴入口罩、芳香噴霧淨化空氣、薰燈、泡澡、洗衣等； 3. 有部分精油可以直接塗抹於肌膚，例如薰衣草、迷迭香、玫瑰、茉莉等； 4. 有些精油不適合直接塗抹，因為太過刺激，例如馬鞭草、茶樹等； 5. 大部分精油都建議避免接觸到黏膜組織（鼻腔、肛門）。
按摩精油	1. 含基礎油，較黏稠，用於按摩； 2. 若為合成精油（或是根本只加香料調味的那種不知道什麼油的油），被按摩者將會慢慢地遭受荼毒，而操作者所受的傷害會較被按摩者更多； 3. 若為天然精油，被按摩者除了有被按摩的放鬆與紓解感之外，還能有被精油洗禮的改善。而操作者所受的好處會較被按摩者更多，並可消除客人身上之濁氣、晦氣，而不被自己吸收。

■ 基礎油

項目	說明
常見基礎油	甜杏仁油、荷荷芭油、小麥胚芽油、葡萄籽油、酪梨油
基礎油目的	分散精油、滋養皮膚、方便按摩、讓精油更易帶入皮膚、讓精油不會快速蒸發

　　經過了上述的圖表說明後，是不是已經對純精油和按摩精油的差異以及功能有更深一層的了解呢？我到過很多地方按摩，當然體會過各種不同的按摩方式，只有一種感覺──越按越想按、越按越大力。

　　很多按摩師為了增加滑順度，經常用劣質乳液來操作，除了油膩沒有什麼其他任何意義；有些按摩師用嬰兒油，那種黏黏的感覺真是痛苦；還有些按摩師用加了香料的按摩油，說那是薰衣草精油，那種來路不明的油，一公斤只要幾百元的按摩精油，你說可能是純精油嗎？

SPA 特論

　SPA（Solus Por Aqua）／拉丁文 Solus：健康，Por：經由，Aqua：水，因此 SPA 的完整意思就是經由水產生健康！

　既然如此，刷牙、喝水算不算？當然根本上是算的，只是這樣子的定義，SPA 就少了一種浪漫輕鬆的感覺。因此我們簡述一下 SPA 的起源與小故事，好讓大家對 SPA 有所概念和理解。

　西元前數百年之前，希臘就有醫師提出以水療的方法即可提升免疫力、並且因為放鬆抒壓而達到預防疾病的功能。據說，比利時的阿德尼絲（Ardennes ／不是愛德蘭斯喔！）森林區有個小城鎮就叫「SPA」！這個 SPA 鎮早在古羅馬時期就湧出了低鹽、無雜質的天然礦泉，此泉內服外用兩相宜，反正都好！很多人說這應該就是 SPA 這個名詞的發源地。

　又有此一說，十五世紀左右，比利時之列日市郊區有一富含礦物質的溫泉，浸泡此泉可以改善病痛，開始了所謂的泡湯風氣，這又被比作 SPA 的發源地。以上兩者都被說是 SPA 的開端，究竟誰是真的？其實真相還真不可考，但是從比利時發跡應該沒錯，至少確實是從歐洲開始的！

　然而，亞洲人對這方面的享受，在現今社會應該更不亞於歐洲人了，尤其日本的泡湯文化幾乎已經是全球聞名了！現在的泡湯文化可以說是全世界風行，而這泡湯也就算 SPA 的一種了。而 SPA 的種類與經營模式，也隨著時光的消逝千變萬化！

　　人們喜歡在風景優美之地設度假飯店，享受溫泉、冷泉、瀑布、河流聲、湖光、海景、森林，遠離塵囂、擁抱大自然，這種地方臺灣也有非常多，北投、烏來、關子嶺、廬山等都是耳熟能詳的去處。

　　印尼、泰國、馬來西亞這些東南亞國度，很多度假小島更加上了傳統的按摩技術，用那得天獨厚的慵懶環境，塑造了相當具有特色的 SPA 風貌！對於歐美的人而言，彷彿增加了一種歐美不曾有過的原始感！

　　忙碌的都會人士沒有假期怎麼辦？如何享受這種放鬆的感覺？因此越來越多的美容沙龍運用精油芳香療法，塑造世外桃源的感受，造景、佈置、芳香、音樂，一切的規畫讓消費者彷彿真的進入大自然，並且輕輕鬆鬆過一天，這就是俗稱的「DAY SPA」。

　　其實，很多年來都有男女分開的三溫暖（桑拿），這些地方都有類似「DAY SPA」的服務，只是這些地方重視的是設備，而不是情境，溫水池、冷水池、冰水池、烤箱、冰箱、蒸氣室這些可以說是基本配備。三溫暖就是 SPA，只是去的人有特定族群，畢竟不是所有人都習慣讓別人看到自己的隱密之處，而且共浴一池。

　　現在也有一些 SPA 館是提供男女共同使用的，這種場所的要求就是必須穿泳裝、戴泳帽、闔家同樂。這種感覺也很好，只是習慣裸泡的人就很難適應了！由此可見，各種經營模式都有各自的消費族群。

　　但是，當我們不想出門時，哪都不想去的時候，我們又該如何放鬆自己呢？於是一系列「HOME SPA」的商品因應而生，當然為了不讓您花錢買罪受，專業知識的增加更是實在必要！這些「HOME SPA」的商品大多為精油、泥或者精油與泥共同混和調製的配方，當然品質的要求非常重要，否則如果是合成精油或不明物質，透過

熱水的促進，傷害身心的物質將快速進入體內，不如只泡熱水就好！

　SPA 的好處多多，舒緩情緒、排解壓力、消除疲勞、平衡身心、改善健康，然而在 SPA 前的準備，您千萬記得，「放輕鬆」正是最重要的動作！頂級的 SPA 程序，可以溶解你的廢物、溶化你的疲憊、融入你的生活。因此，您說正確的 SPA 概念和優良的 SPA 產品重不重要？

　「芳香療法」（Aromatherapy）就是運用「芳香植物精油」（Essential Oil）來改善身體的健康和美麗，SPA 就是經由水產生健康！

　其實，芳香療法和 SPA 兩者並沒有直接關係，但是結合之後卻更具效果，因此我們整合一個正確的說法稱之為「芳香 SPA」！巧妙運用必定能夠帶給您一個完美的健康美麗人生！讓您快樂地芳香 SPA 過一生！

泡湯的藝術

管他泡的是什麼湯，泡則有益。真的是這樣子嗎？

那蛋花湯、青菜豆腐湯呢？很冷嗎？不好笑，我們就回歸主題——泡湯！

泡湯只算 SPA 的一種，而且大多數的人會認為泡湯就是泡溫泉，其實泡冷泉也是泡湯，泡海水也算泡湯，泡湖水、河水也都算泡湯。前些年開始盛行的死海浴，也都算泡湯，關子嶺的泥湯浴也是泡湯！

各種不同的「湯頭」影響著泡湯時的感受以及泡湯後的結果，要說學問那還真是有大學問囉！

但是，我們還是先來討論溫泉的部分吧！溫泉一般依照其水中的礦物成分，分成碳酸泉與硫磺泉，一般都説碳酸泉固筋骨、硫磺泉護皮膚，但是整體而言，對美容健康都有幫助！因為熱呼呼的湯本來就可以促進循環，促進循環之後當然對身心以及皮膚的紅潤都會有幫助！但是有心臟病、高血壓的患者，泡湯的溫度與時間就必須控制好，否則很容易出問題！有些人也不是這些問題，但是泡湯卻會導致頭暈目眩，這些都必須小心，難怪現在的個人湯屋都備有緊急按鈕，以免意外發生。

如果你想泡久一點，水溫不宜高過 40℃，否則你也很難泡很久。如果你想泡出汗，水溫可以高一點，但也不宜高過 42℃。其實，泡湯是一種享受，就不要給自己更多的壓力來限制自己，一切以自在舒服為標竿！

有此一説：「一日兩三回，一回兩三次，一次兩三分。」這是一

種超級享受的泡湯法——筆者稱之為「三一兩三泡湯法」。看不懂，對不對？

那我就來說一下：

1. 一日兩三回：如果可以的話，泡澡一天泡個兩、三次是最好的，晨起一回，下午三、四點一回，晚間睡前一回。

2. 一回兩三次：每一回泡澡，下水之後再起來，可以進行個兩、三次。這樣的效果會比「一次泡個夠就收工」來得強。

3. 一次兩三分：每次下水的時間不適合太久，尤其水溫較高的情況下，每次下水泡個兩、三分鐘，就可以先起來在旁邊休息一下，讓汗流一流再下水。

這種模式除了你在度假的時候可能發生，否則平常如何辦得到？

當然，想要每天有這樣的效果，就一定要在家裡進行，即使因為上班沒有辦法一日三回，那至少可以早晚各一回。

並且想怎麼泡就怎麼泡，精油兩三種、一種兩三滴，這是多麼好的享受！並且請記得，每一次下水時都要告訴自己：「我好幸福啊！真的好舒服啊！」這樣子的效果肯定會更好！今天開始就進行這個「三一兩三泡澡法」吧！保證你一定會喜歡！

精油使用安全須知

1. 來路不明（就是沒有標示詳細成分、廠商公司名、電話、地址）的產品千萬別用；
2. 先看使用說明、注意事項，也看看這是純精油還是有加基礎油的按摩油；
3. 純精油若要直接塗抹於身體，最好都稀釋使用，尤其是有一些精油特別刺激（例如肉桂、馬鞭草），千萬不要大量直接塗於皮膚，尤其是黏膜部位！
4. 按摩油也要看使用部位以及方法，按摩油不適合薰香，不適合泡澡；
5. 孕婦為了避免產生意外，筆者建議管他適不適合、可不可用，通通不要用，否則弄巧成拙，沒人能擔代；
6. 小孩子的使用要更小心，千萬不要讓小孩能夠自己拿到精油，以免發生不幸；
7. 不熟悉的精油第一次使用時，問清楚美容師、芳療師販售者後再使用，包裝上也會有廠商的服務電話，應該都可以獲得完整妥善的回答。

精油的氣味變化

精油的氣味不但隨心情而變，也隨磁場、運勢、思維而變。

植物精油是植物的靈魂，掌控著植物的內分泌與情緒，還有免疫機制。人的情緒當然影響植物的情緒，味道隨之轉變。

植物犧牲了自己，將自己的靈魂被蒐集，但她沒有抱怨、沒有不捨，因為她願意奉獻大愛，幫助人類、幫助生命、幫助世界，卻忘了自己。

精油是付出者的代表，卻沒有收穫的期許，只盼望自己的貢獻能夠幫助有緣者，解決他們的問題。

因此，精油對我們的恩澤，必須敬重，必須感恩。這一切就從了解開始，而非道聽塗說的無稽。

精油的奧妙動容天地，唯有深入體會之，方知感動。

瞭解她、愛她、敬重她、體驗她、疼她、讚美她。我保證，她會一輩子守護你，直到妳沒了呼吸，依舊隨你而去。

在此，獻上最敬禮。天地之靈性集於此香氣，只為愛你！

刮痧

　　刮痧是過去臺灣街頭巷尾到處都有人進行的事情，尤其是在夏天，尤其是在偏遠的鄉野，這是老奶奶們都會的技藝。一個個如水蜜桃般的作品，遍佈在肩、頸、背，穿梭在人群中。然後慢慢的，年輕人淡忘了這「本能」。

　　刮得不好，只是皮受傷了；刮得好，通體舒暢。
　　然而，刮痧後，體內的氣會與外在的空氣交替，三個時辰內該部位不能碰水，以免濕氣入侵。使用的潤滑介質也會滲入，因此刮痧時使用的油必須慎選。

　　基礎油宜滑潤，不宜乾澀，不適合礦物油。應用植物油，添加的精油以「木質類」以及岩蘭草、鹿蹄草、歐薄荷、迷迭香、薰衣草為宜，並且比例很重要。其餘不要亂添加。

　　操作者請務必先塗抹岩蘭草於手肘、頭頂、耳後、後頸等，避免濁氣排出後，順勢而上。

按摩的工具與材料

　　按摩的工具千奇百怪，重點都是為了藉力使力，省力不費力，並且將力道可以穩定而踏實的進入細微處。因此電動式的按摩器也開始出現，想要完整的取代人力。

　　但，畢竟機器無法複製感情，機器無法因應每一種變化的細膩。唯獨雙手傳輸的關切，才能讓工具產生愛的感動力。

　　工具既然是愛的傳遞介質，那麼千萬不要有負能量的存在，材質因此顯得重要，金屬、木料、礦石、陶瓷都是可以選擇的項目。源自石化工業的塑材，千萬別使用，即使不懂其中負能量的奧妙，卻也聽說塑化劑的可怕。既然是養生之道，就千萬不能用錯材料。

　　金屬的傳導力是強悍的，因為這是物質的本能與特質，導電無人不知，運用金屬請必須有木料的握把，以阻隔其能量的傳遞。

　　礦石多元，水晶、瑪瑙、琉璃，很多種堅硬的石頭皆可，雕塑出適當的形狀，可謂巧妙皆於其中。陶瓷的運用也是礦物重整的另類模式，但皆需注意是否會有與按摩精油反應而釋放出不利人體物質之可能，所有開發新工具的業者必須在這個方向做足功課。初衷以為是造福人群，卻衍生了新的無心之惡，輾轉入了因果，這是用心度與智慧的考驗。

　　木材是最巧妙的物質，也是最有生命感動力的材料。然而其疏鬆與緊密度，本身能量的屬性也必須是考量的方向。正氣強、質地堅硬的木材，檜木、雪松、檀木皆是首選。然而，越來越多資源的被濫採，更必須懂得造林計畫之回饋。

木頭無法用水清洗,因為這是導致濕氣入侵的不智之舉,因此以淨化用的精油「岩蘭草、香柏木」將汙穢物與穢氣清除,就是最佳的淨化方式,而個人化的配備更是不要有氣場混雜干擾的聰明選擇。

有了良善的工具與技術,卻用錯了材料,那絕對是全世界最悲慘的事。按摩需要滑潤的介質才能讓施力者順暢,讓受力者舒服,就像汽機車引擎必須加入機油一樣,否則會縮缸;齒輪不用潤滑油會不順、會卡住。同樣的,按摩油的需求是相當驚人的,按摩油是僅次於食用油使用於人們身上的油品,因其大量之需求,魚目混珠的商品就充斥於坊間。

按摩油主要是為了潤滑,於是什麼怪油都出現了。但,使用者忘記了,全身最大的呼吸器官是「皮膚」,全身最通透內外的單位叫「毛孔」。

不論好壞的物質,都會透過皮膚進入微循環,尤其是油性的物質,比水性的物質更加容易,因為皮膚有油脂阻隔著水性物質侵入的張力與屏障。

當基礎油是礦物油或合成油時,首先可能悶住毛孔的呼吸,也可能將其中殘留的有機溶劑或雜質帶入人體,這是很可怕的危機。

動物油若含有病源,那麼可想而知其後果。

植物油確實是安全許多,並且對皮膚有著一種大地的呵護,以及其中所含的有益物質,滋養我們的身心。

精油的參與是有個別的目的、種類、配方、濃度,都影響著其對身心靈的反應,不可不慎。

按摩師是一項辛苦的工作,重點不在勞力,而是將幸福與健康帶

給客戶後，卻將會吸上其廢氣，這種廢氣的吸納並非甩手即能除去。當按摩師磁場較弱時，客戶的問題沒了，卻也跑到自己的身上了。

「岩蘭草」的保護是不可或缺的基本。

很少有做過一段時間的按摩師，氣色很好的，你可以仔細觀察。當按摩師用的油、乳液是不好的，那麼客人所受的傷害短時間看不出來。但，按摩師持續的吸收這些物質，你説不是殘忍那是什麼。

賺錢當然可能是一種服務價值的交換，但請不要用自己的健康來換。

油垢味的消失

一間美容院、按摩店會有油垢味是正常的。

沒有油垢味只有香精味，可能是悲慘的，因為用的油可能有問題。

按摩油最好是以植物油當基底油滑潤用，而植物油中不氧化，不會有油垢味的也只有「荷荷葩油」，然而此油昂貴，不可能於低價的消費中大量運用。

又希望能降低成本，於是不氧化的礦物油、合成油就因應而生了，再加上香精帶入芬芳的氛圍，完全扭曲了芳香 SPA 的意義與目的。

而堅持純正的芳香療法者，卻也有著毛巾、床罩、枕頭套、被子、美容衣之揮之不去的油垢味困擾。本篇瞬間解決您的煩惱。

1. 加入適量的「小蘇打」兩份，食鹽一份，「檸檬酸」一份，滴八滴的「臺灣茶樹精油」；
2. 攪拌浸泡十分鐘後，洗衣機開始運轉；
3. 如果不放心，以此配方加入您原本的洗衣精，那麼您必將滿意。

兩性芳香 SPA

✧ 「吸引力」

兩性的問題一直都是大家最有興趣的話題,有人深受困擾,有人挫敗其中,有人窮其一生依舊無法了解為何不得其門而入。其實,芳香精油就能夠開啟兩性協調相處甚至滿足的大門。

很多人喜歡探究費洛蒙,卻不知真諦,未來我們將有專文論述,而芳香精油卻不是費洛蒙。我們不需矯情地說這就是仿人體的費洛蒙。費洛蒙只存在動物,精油只存在植物;費洛蒙是訊息傳遞的介質,精油是轉成能量的物質。

若以吸引異性來說,其實有一些精油是特別具備誘惑力的,通常是花香類的精油,例如玫瑰、茉莉、伊蘭伊蘭。然而這樣的誘惑力卻也必須是自己喜歡、對方也喜歡,因為氣味經常是勉強不來的。

當你展現獨特的氣味時,就會引起也喜歡這氣味的人靠近,男女皆然。而這氣味就會形成一種美好的記憶,在下次聞到時,就會想起你,與曾經聞到此氣味時所發生的一切。因此,營造擁有此味道的美好記憶與味道本身同樣重要。

當兩人進入了交往期,當然也會有感官疲乏的階段,包含眼、耳、鼻、舌、身、意。此刻經常或偶爾的變化感官效果,便能產生再一次的激情感受。嗅覺當然也是如此,當你換了一款精油的味道,對方表示不喜歡,請你別再堅持;反之,你就可以繼續善用之。

偶爾運用放鬆快樂類的精油：薰衣草、馬鞭草、甜橙、佛手柑、葡萄柚，能夠讓兩性的疲乏度得到紓解；偶爾使用高山類的精油：檜木、紅檀木、雪松，可使兩性間的緊繃進入緩和。偶爾回到兩人初識時的氣味，就能有重溫舊夢的感覺。

很多人會問為何我老公「男捧友」不再把我公然捧在手心上，甚至喜歡上燈紅酒綠的粉味？其實，這是我們必須要巧妙拿捏感官刺激的藝術。男人要有魅力，必須擁有能力；女人要有持續的魅力，巧妙細微的感官變化，就是功力。

嘮叨、抱怨、哀愁、擺譜只會讓自己雪上加霜。在另一半的面前永遠保持亮眼，他反而會擔心妳的招蜂引蝶，因此將會花更多的時間「看著妳」。吸引力千萬不要少了持續力，善用精油，便能輕易達展現風情萬種的妳。千萬不要說男人物化了女性，更別說女人醜化了男性，因為這是動物世界裡的兩性，人也是動物。

✦ 「完美性愛」

性愛是一種幸福的事。一般的動物把性當成延續火種的使命，只有人類會把性愛當成占有、消遣娛樂、例行公事、放鬆、心靈滿足、養顏美容等等的事項。尤其是在避孕方式越來越日新月異的時代，性愛的品質越是被嚴格要求了。

然而，如何達到完美的性愛，確實是一門大學問。通常男性的特質會提早完事，因為這是一種兩難的技術，「不興奮難以達成任務，太興奮又難以擁有持續度。」

本篇這樣的內容，其實在專業的課程中更適合論述。

大部分女性是不容易達到「滿足的狀態」（少數除外），因此才

會要求男性營造「前奏曲」，然而進入「副歌」時，男性通常也已過度亢奮了。

　　這樣的情形，是有部分精油可以扭轉此情境的，「安息香」、「檀香」在典籍上都有相關記載。這樣的因果來自於其沉靜的特質，適合用在太過激情的男性；心有餘而力不足的男性，「茉莉」可以幫忙。

　　而女性在男性完事之後，經常尚未進入狀況，卻要假裝「很滿足」，只因為愛犧牲而不敢言，這確實是很難平衡的現象。「快樂鼠尾草」將可以助妳一臂之力，將可以帶領妳進入「夢幻的國度」。

　　然而，更年期或藥物副作用所造成的乾澀，或只為了配合的興趣缺缺，猛然接受愛的挺進，經常也是以擦傷收場，因此有人會以玻尿酸類的潤滑液滋潤，卻不知這可能也是病變的開始，因為水性的潤滑液體必然含有防腐劑。不如用基礎油「葡萄籽、甜杏仁、荷荷芭」替代，若要加點精油那真需受過專業訓練，1% 的藍洋甘菊應屬最溫和的模式。

　　總之，女性一定要愛自己多一些，保護自己，體貼自己，告訴男性妳的需要與問題，也給予男性肯定與鼓勵。兩心協調之下，方能有兩性平衡的水乳交融，共同達到「身心靈同步的性平衡」。

　　知性，愛就在；真愛，性無礙！

森呼吸芳香 SPA

通常呼吸道的問題一旦在上呼吸道已嚴重感染，扁桃腺必然發炎，然後就會有一連串的紅、腫、熱、痛、癢的症狀。因此若能在第一時間就以適當的精油滴於水中，漱口，嗅吸，即可得到迅速的舒緩。

此刻最常見的是：尤加利、綠花白千層、茶樹、絲柏、薰衣草，缺少了深層的溫潤，因此加入了「乳香」。然而單方總有缺憾，並且尤加利過量會有毒性負擔，故以複方為之，以達協同舒緩之能，並減其毒性衝擊。

「尤加利」對呼吸道很好，但對肝臟卻是負擔。無尾熊以尤加利為食物，除了吃幾乎都在睡，可以窺見其中之玄機。因此以類似功能之精油改變其特質，就是精油調和之藝術。

而「克流感」的原料是「莽草酸」，莽草酸的原料「八角茴香」。而太過量的八角茴香卻也如同掉入滷味桶，聞久並不舒適，反而頭暈。

巧妙的配方調和，即能如同置身森林呼吸般之順暢，故稱之為「森呼吸」！

蚊子芳香 SPA

這一篇當然不是要寫為蚊子做 SPA。

但蚊子還是子了時,確實整天都在 SPA。

在居家,要預防蚊子的叮咬,首重環境衛生,如果沒有死水存在,蚊子無法孳生的。若於死水中滴入精油,蚊子也很難活得起來。

國內外皆然,防蚊的模式,很是盛行。因為蚊子幾乎無所不在。從早期的蚊帳、蚊香、殺蟲劑、電蚊香、捕蚊器、電蚊拍、防蚊貼片、防蚊手環、防蚊液,人們總是不斷高規格迎接蚊子的挑戰,卻在尚未傷到蚊子之前,已經傷害了自己,這又是化學工業之副作用。而今環保與健康意識抬頭,精油的運用已開始慢慢取代化學藥劑。

A:香茅、廣藿香、天竺葵、薰衣草、尤加利,B:茶樹、歐薄荷,就是防蚊首選精油。

其實防蚊應該分「叮咬前」與「叮咬後」,應該說 A 類是為了防止蚊追求的配方,B 類是已遭蚊侵犯之配方。

A 類,光用「香茅」就很有效了,「廣藿香」就是臺灣鄉下常見的「左手香」,「天竺葵」氣味最討喜卻也最貴,「薰衣草」最早本就是用來薰蚊蟲,「尤加利」應最屬親民的價位。

B 類,「茶樹」將蚊子叮咬之毒迅速化解,而「歐薄荷」卻是此刻解除煩躁的最佳良伴。

為何只稱蚊子而非蚊蟲呢?

因為昆蟲的種類太多,不是每一種都很好應付。

而蚊子已經是最好解決的對象了,只是因為量大而困擾。

端午芳香 SPA

　　大家對端午的概念印象，不外乎「粽子立蛋午時水，艾草菖蒲雄黃酒」。

　　其實，不難看出端午的神祕色彩。

　　端午是 24 節氣中很重要的一個節氣──「芒種」。

　　穀粒生細「芒」，稻子已成「種」。

　　正式告知天氣熱了，很難在接下來的兩、三個月內再有著涼爽的天氣了。

　　在這樣的時刻，「蚊蟲蛇蠍盡出沒，邪靈瘴氣竄人間。」

　　因此，若以芳香 SPA 的角度來探究，有三大重點：「防暑」、「防蟲」、「防煞」。

　　「防暑」，歐薄荷為主體的複方當然首選。

　　「防蟲」，薰衣草、香茅最簡易，叮咬之後有茶樹。

　　「防煞」，一般用岩蘭草最快，當然此處也可以提供一個防煞、除障的配方：東印度檀香、西印度檀香、紅檀木、岩蘭草、玫瑰草，如此有能量的組合，「氣沈出湧泉，靈通百匯區」，必然達到身心靈的節氣使然的關鍵防護。

　　粽子並不是端午的特產，只是端午應景，大家也在此刻經常吃得過多了。

　　粽子是糯米為主體，糯米黏性高，也不易消化，並不適合大量食用。

　　但當口感好的粽子在眼前出現，似乎也很難控制，提供三種精油參考：

　　「佛手柑」：平衡食慾，減少過度暴飲暴食的機率。

　　「歐薄荷」：當肚子太過飽足與脹氣時，這是最平易近人的選擇。

　　「山雞椒」：腸胃不適，拉肚子，取之塗於肚臍與周遭之腹部，將有奇妙的感受。

　　粽子是華人特有的「美食」，

　　適量取用才是「美事」，

　　善用精油就會「沒事」！

生肖與精油

十天干（主幹）是甲、乙、丙、丁、戊、己、庚、辛、壬、癸，

十二地支（分枝）是子、丑、寅、卯、辰、巳、午、未、申、酉、
戌、亥。

十二生肖剛好對應十二地支，

鼠 牛 虎 兔 龍 蛇 馬 羊 猴 雞 狗 豬

子 丑 寅 卯 辰 巳 午 未 申 酉 戌 亥

三合是種「明合」，光明正大地合。

申子辰，屬猴、屬鼠、屬龍，三合為一組吉配；

巳酉丑，屬蛇、屬雞、屬牛，三合為一組吉配；

寅午戌，屬虎、屬馬、屬狗，三合為一組吉配；

亥卯未，屬豬、屬兔、屬羊，三合為一組吉配。

六合是種「暗合」，暗中幫助你的貴人。

子丑，屬鼠與屬牛，為一組貴人；

寅亥，屬虎與屬豬，為一組貴人；

卯戌，屬兔與屬狗，為一組貴人；

辰酉，屬龍與屬雞，為一組貴人；

巳申，屬蛇與屬猴，為一組貴人；

午未，屬馬與屬羊，為一組貴人。

不同的植物精油，擁有不同的能量，每種味道給予各個生肖的人
調解不同的性格能量，每一個生肖都可以在芳香的世界裡，找到最

能鼓舞自己以及強化自身能量的那一縷清香。

鼠：甜橙、茶樹、歐薄荷、苦橙葉精油。
強化後能量：聰明伶俐、處事靈巧、平易近人、討人喜歡。

牛：葡萄柚、絲柏、百里香、紅檀木精油。
強化後能量：性格豪爽、特別具有自信心。

虎：天竺葵、丁香葉、檜木精油。
強化後能量：健康有活力、陽光率真。

兔：羅勒、綠花白千層、檸檬草精油。
強化後能量：產生具有化腐朽為神奇的魔力、心想事成。

龍：伊蘭伊蘭、玫瑰草、茉莉精油。
強化後能量：善解人意，正桃花朵朵開。

蛇：茶樹、尤加利、香柏木精油。
強化後能量：擁有神祕且致命的吸引力，與人相處自信大增。

馬：馬喬蓮、藍洋甘菊、岩蘭草精油。
強化後能量：淡定、但擁有無窮的創意與詩意。

羊：檸檬、茶樹、山雞椒、廣藿香精油。
強化後能量：擁有真、善、美的純真與創意。

猴：伊蘭伊蘭、快樂鼠尾草、佛手柑、銀雪松精油。

強化後能量：開放大膽、充滿靈氣、擁有淘氣。

雞：雪松、大王松、羅勒、檸檬、玫瑰精油。
強化後能量：熱情奔放、又富有情趣。

狗：薰衣草、天竺葵、西印檀、安息香精油。
強化後能量：爽快不做作，較溫和柔順。

豬：迷迭香、絲柏、佛手柑、紅檀木精油。
強化後能量：產生無法抗拒的魅力及氣質。

風水與精油

排命盤是為了掌握天時，知其命、善其用，此乃善用時間；
懂風水是為了凝聚地利，站對位置好出拳，此乃活用空間。
懂了才信叫理信，不懂亂信才叫迷信。

一命、二運、三風水、四積陰德、五讀書。
命是前世因今世果，無法改變；運是天時、地利、人和加選擇，
很難控制。
積陰德是不為今生也為來世；讀書是知識經濟時代的基本要求。
而風水卻是多一點用心，就能產生不小的效益之方便法門。

風水就是我們的生活能力，風會動、水會流，所以風水一直在變
動，只是大動還是小動。善用陽宅八方位，事業順利全方位。
八方位：大門、神位、財位、文昌位、床位、浴廁位、桃花位、
天醫卦位。
詳見許勝雄老師所著之《藏風聚水 DIY 祕笈》。

靜財方與財位：可置金錢樹、紫晶洞、聚寶盆、鹽燈，以岩蘭草、
招財進寶精油養其聚。
桃花位：招桃花可擺鮮花、粉水晶、以花香類精油、招蜂引蝶精
油、桃花精油養其氣。公司桃花位不宜擺花，經營桃花財之事業剛
好相反。
書房、教育訓練中心：可以鹽燈、文昌精油養其智。
浴室：宜以岩蘭草、檸檬、香茅除其穢。

簡單自己來，善用鹽與精油，加上紅紙黑字，運用文字語言的力量，加上念力的祝福，一切都會不一樣。

空間的磁場很重要，人體的磁場也很重要，因此磁場守護是絕對不可忽略的課題。

磁場是會流動的，電生磁，磁生電。生物磁場在獨立的封閉狀態是直流，外在接觸時就是交流。以生物能量學而言，左手吸能量，右手放能量，左吸右放，因此拿在左手的物質，必然影響身體會比右手大。

當我們與人握手時，右手握右手是最好的，因為干擾較少。但個體已與外界接觸，此時能量就會交會。

當我們要給一個人強力的祝福，用你的右手牽對方的左手，心想口說，效應極強；當我們希望沾染對方的好運勢，用我們的左手拉對方的右手，請他說祝福的話，真能感受其奧妙。因此，不熟的人，熱情地用雙手握我們的手，那有時真是困擾。如同溫暖的手握冰冷的手，過一會兒，溫度也會產生平衡的升高與降低。看到這裡，不難理解，想要阻擋外來的負能量，除非完全不與外界接觸。但在社交場合甚至必須有身體接觸的行業，阻隔負能量的侵蝕已是不可能的事情。

你會問：那擁抱、接吻甚至更親密的關係呢？無庸置疑，磁場是整個交會流通的。因此，親密愛人的人生運勢必然重疊交錯，就像生命共同體，心電感應不足為奇，共通夢境司空見慣。芳香 SPA 巧妙的部分就是也能協助到這些問題，**運用岩蘭草精油塗抹於身上，就能淨化自身的磁場；塗抹於手肘與雙手，就能夠緩衝對方負能量的導入。**

　　美髮師、美容師、美體師、按摩師、醫生、護理師、禮儀師、化妝師、特殊工作者，只要有必須接觸非己之人體時，請務必「起頭收尾皆淨化」，如此才不會讓自己的好能量、好磁場、好運氣被中和掉，被干擾了。如此的精油有三首選：就是東印度白檀、印尼岩蘭草、喜馬拉雅香柏木。

　　綜上所述，愛你所愛的人，請記得先「淨化自己」！

血型與精油

　　血型是身體中與生俱來的特質，並非可以改變的特質，如同遺傳基因一般，假不了。於是要知道自己的狀況，才能掌控缺點，強化優點。

・A 型
　　優：喜好平靜、心思細；缺：矛盾、沒自信、優柔寡斷
　　適合：雪松、藍洋甘菊、尤加利、薰衣草

・B 型
　　優：個性爽朗、人緣佳；缺：好強、為所欲為
　　適合：迷迭香、檜木根、快樂鼠尾草、歐薄荷

・O 型
　　優：理智務實、沒心機；缺：衝動、壞脾氣
　　適合：安息香、八角茴香、乳香、薰衣草

・AB 型
　　優：機靈、創意；缺：自大、善變、受挫力
　　適合：佛手柑、葡萄柚、薰衣草、岩蘭草

　　血型的數字能量 A=1、B=2、AB=3、O=9
　　因此也可以對應之靈數精油補強。

生命靈數與精油

生命靈數在能量上的調整與改變，以精油來調整，基本上配24瓶：
密碼 9 瓶（1-9），
主連線 8 瓶（123、147、159、258、357、369、456、789），
副連線 4 瓶（24、26、48、68），
再加強化力量 3 瓶（招財進寶、招蜂引蝶、心想事成）。

1 是自我，2 是合作，3 是創意，4 是框架，5 是勇敢，6 是療癒，7 是分析，8 是執行，9 是奉獻。

1-2-3：藝術線
4-5-6：組織線
7-8-9：貴人線
1-4-7：物質線
2-5-8：感情線
3-6-9：智慧線
1-5-9：事業線
3-5-7：人緣線
2-4：靈巧線
2-6：公平待人線
6-8：親切誠實線
4-8：工作模範線

運用精油來強化缺乏之能量，每天 5 種各 1 滴，每個配方至少使

用 7 天，實際操作模式只能在課程中詳述。配方正確、使用正確、心念正確，改善之效果有口皆碑。以下為您提供九個靈數之配方，其餘容筆者保留。

· 靈數 1：

　紅檀木（cabreuva）、西印檀（amyris）、岩蘭草（vetivert）、玫瑰草（palmarosa）、檀香（sandalwood）

· 靈數 2：

　薑（ginger）、天竺葵（geranium）、甜橙（orange sweet）、伊蘭伊蘭（ylang ylang）、快樂鼠尾草（clary sage）

· 靈數 3：

　天竺葵（geranium）、甜橙（orange sweet）、佛手柑（bergamot）、葡萄柚（grapefruit）、檸檬（lemon）、快樂鼠尾草（clary sage）、山雞椒（litsea cbeba）

· 靈數 4：

　檸檬（lemon）、岩蘭草（vetivert）、紅檀木（cabreuva）、茶樹（tea tree）、香柏木（himalayan cedarwood）、銀雪松（atlas cedarwood）、八角茴香（anise star）、檀香（sandalwood）

· 靈數 5：

　薰衣草（lavender）、馬鞭草（litsea cbeba）、西印檀（amyris）、銀雪松（atlas cedarwood）、伊蘭伊蘭（ylang ylang）、檀香（sandalwood）

- 靈數 6：
玫瑰草（palmarosa）、紅檀木（cabreuva）、甜橙（orange sweet）、伊蘭伊蘭（ylang ylang）、快樂鼠尾草（clary sage）

- 靈數 7：
阿米香樹（amyris）、印度雪松（himalayan cedarwood）、檀香（sandalwood）

- 靈數 8：
伊蘭伊蘭（ylang ylang）、迷迭香（rosemary）、雪松（cedarwood）、甜橙（orange sweet）、岩蘭草（vetivert）、天竺葵（geranium）、檸檬草（lemongrass）、檀香（sandalwood）

- 靈數 9：
天竺葵（geranium）、葡萄柚（grapefruit）、乳香（frankincense）、沒藥（myrrh）、絲柏（cypress）、茶樹（tea tree）、藍洋甘菊（chamomile）、玫瑰（rose）、檀香（sandalwood）

七輪與精油

「輪脈（chakra）」尾椎到頭頂共有七處，位於身體中心，環繞著脊椎，連成一線。由下至上分別為海底輪、生殖輪、太陽輪、心輪、喉輪、眉心輪、頂輪，將「靈量（kundalini）」的能量由最底端的海底輪昇至最上頭的頂輪，讓身心靈同步提升。

七輪是人體的七個能量中心，掌控了內分泌系統、循環系統與神經系統，並對應各種臟器，因此牽引著人的身心靈，隨著這七個能量中心進行微妙的變化。同時亦為人體與大自然交會溝通的樞紐。以適當的精油配方平衡之，將是練瑜伽、養生、修心的良善助力。

1. **海底輪**：天竺葵、葡萄柚、茶樹、絲柏、藍洋甘菊、乳香、沒藥、檀香、玫瑰；
2. **臍輪**：伊蘭伊蘭、天竺葵、快樂鼠尾草、檸檬草、檀香、茉莉；
3. **太陽神經叢**：歐薄荷、岩蘭草、黑胡椒、佛手柑、薑、山雞椒、八角茴香、檀香、茉莉；
4. **心輪**：佛手柑、薰衣草、岩蘭草、天竺葵、乳香、伊蘭伊蘭、檀香、茉莉、肉桂；
5. **喉輪**：尤加利、甜橙、絲柏、雪松、檸檬草、乳香、沒藥、檀香、玫瑰；
6. **眉心輪**：薰衣草、佛手柑、迷迭香、馬鞭草、鹿蹄草、沒藥、薑、檀香、玫瑰；
7. **頂輪**：阿米香樹、檸檬草、乳香、沒藥。

星座與精油

　　月亮牽引著潮汐，太陽關係著生命力，眾星辰挑動著我們的血液，影響著個性與思緒，沒有一個完美的星座，卻有一組完美呼應守護的植物靈魂。芳療產業的思維重點，平均分佈在「身心靈的平衡」，其中很重要的一環就在心靈的提升。

　　然而，星座大致分出了 12 種的個性，加上血型的 4 種變數，便產生了「48 種特質」。若能以個性特質給予適當的情緒調整，並且持之以恆，那麼後續的身心靈整合就會事半功倍。

改變自己的運勢從個性開始，
改變自己的個性從習慣起頭，
養成運用精油的習慣，將可修整個性、創造幸運！
研究星座必須同步知悉怎麼了？為什麼？怎麼辦？
調整個性更不能只是説，我本來就是這樣。

　　命理師、星相家、芳療師、心理醫師、美容師……若能善用精油來調整被服務者的心性（心理與個性），那麼推算與判斷後的結果才將有務實的改善空間。將此星座血型與精油配方的整合成為自己的功夫，將是利人利己的善用工具。

火象星座：牡羊座、獅子座、射手座；
土象星座：摩羯座、金牛座、處女座；
風象星座：天秤座、水瓶座、雙子座；
水象星座：巨蟹座、天蠍座、雙魚座。

　　這十二星座分成四象，依文解字不難明白各種星座的特質，再依其特質的優缺點，選擇與調配適合的精油，以增強其優點，淡化其缺點。

　　每個星座都有其特質，與特別必須修煉的功課，並且建議適當的精油運用在生活中，調理各星座的身心靈，這樣的芳香療法我們稱之為星座芳療。

1 牡羊座（03/21～04/19）：**天生好勝、急性子**
　　功課：柔和、謙虛、勿衝動。
　　適合：紅檀木、佛手柑、岩蘭草

2 金牛座（04/20～05/20）：**耐力充沛、有原則**
　　功課：獨立、冒險、勿依賴。
　　適合：甜橙、天竺葵、伊蘭伊蘭。

3 雙子座（05/21～06/21）：**能言善道、創意佳**
　　功課：溝通、多做事、腳踏實地。
　　適合：薰衣草、葡萄柚、岩蘭草。

4 巨蟹座（06/22～07/22）：**追求真理、很顧家**
　　功課：放鬆、自我規畫、面對真相。
　　適合：銀雪松、檸檬、薰衣草。

5 獅子座（07/23～08/22）：**生性慷慨、愛面子**
　　功課：禮讓、自制、少發火。
　　適合：西印檀、伊蘭伊蘭、檸檬馬鞭草。

6 處女座（08/23～09/22）：完美主義、負責任
　功課：勿任性、放鬆、接受現實。
　適合：快樂鼠尾草、廣藿香、玫瑰草。

7 天秤座（09/23～10/23）：愛好和平、易相處
　功課：勇敢、熱情、勿優柔寡斷。
　適合：香柏木、百里香、薰衣草。

8 天蠍座（10/24～11/22）：獨立自主、心思細
　功課：矛盾、多疑、圓融。
　適合：葡萄柚、薰衣草、肉桂。

9 射手座（11/23～12/21）：心直口快、重真理
　功課：自省、婉轉、少批評。
　適合：絲柏、乳香、葡萄柚。

1 摩羯座（12/22～01/19）：愛家愛孩子、重儀表
　功課：隨和、面對壓力、自我中心。
　適合：玫瑰草、檸檬馬鞭草、岩蘭草。

2 水瓶座（01/20～02/18）：自動自發、愛自由
　功課：依賴、批評、善變。
　適合：岩蘭草、甜橙、西印檀。

3 雙魚座（02/19～03/20）：擅長溝通、幽默感
　功課：明確、果決、三分鐘熱度。
　適合：天竺葵、檸檬草、薑

常見單方純精油

· 玫瑰（Rose）：「保加利亞 / 花瓣 / 慢板」

　護膚、調經、更年期、增加精子、性無能、強化微血管、排毒、黃膽、除皺、美白、淡斑、情緒。

· 茉莉（Jasmine）：「埃及 / 花朵 / 慢板」

　最佳男女性保養、護膚、催情、淡疤、保濕、妊娠紋、經痛、助產、調理任何膚質。

· 薰衣草（Lavender）：「法國 / 花 / 中板」

　減壓、放鬆、殺菌、防蚊、消炎、降血壓、尿道炎、經血太少、曬傷、濕疹、乾癬（低血壓者不宜用來泡澡）。

· 藍洋甘菊（Chamomile Blue）：「尼泊爾 / 花朵 / 中板」

　抗敏舒緩、通經、止痛、消化、嬰兒皮膚問題最佳首選、泌尿生殖系統最佳呵護。

· 天竺葵（Geranium）：「埃及 / 花 / 中板」

　淋巴排毒、經前症候群、更年期、乳腺炎、利尿、平衡皮脂、刺激循環、腎結石、膽結石、糖尿病。

· 伊蘭伊蘭（Ylang Ylang）：「印尼 / 花 / 慢板」

　催情、平衡荷爾蒙、心悸、平衡血壓、平衡皮脂、頭皮、紓解情緒（憤怒、焦慮、震驚、恐懼）。

- 快樂鼠尾草（Clary Sage）：「匈牙利 / 花苞 / 快板」
  鎮靜、催情、壯陽、通經、抑制頭皮出油、頭髮增生、放鬆、快樂。

- 丁香花苞（Clove Bud）：「斯里蘭卡 / 花苞 / 慢板」
  止痛、麻醉、止牙痛、止吐、抗神經痛、抗菌、抗痙攣、具腐蝕性、促進傷口結痂、消毒、激勵。

- 馬喬蓮（Marjoram）：「埃及 / 花朵 / 中板」
  暖身、止痛、止痙攣、鎮定、軟便、利尿、消脹氣、健胃、助消化、抗菌、抗病毒、抗黴菌、降血壓、通經、抑制性慾。

- 山雞椒（Litsea Cbeba）：「印度 / 果實 / 快板」
  腹瀉、腹脹、腹痛、腸躁、食慾不振、促進消化、暈車、平衡皮脂、抗菌、除臭、驅蟲、鵝口瘡。

- 黑胡椒（Black Pepper）：「印度 / 果實 / 中板」
  人流感、胃痛、排氣、尿道炎、貧血、退燒、利尿劑、促進血液循環。

- 杜松子（Juniper Berry）：「法國 / 果實 / 中板」
  便祕、痔瘡、利尿、水腫、減肥、攝護腺去除浮肉、坐骨神經痛、關節炎、痛風（腎病避免使用）。

- 佛手柑（Bergamot）：「象牙海岸 / 果皮 / 快板」
  平衡食慾、健胃整腸、泌尿系統炎症（尿道、膀胱）、陰部搔癢、白帶、濕疹。

· 葡萄柚（Grapefruit）：「美國 / 果皮 / 快板」
　水腫、淋巴排毒、減肥、抗憂鬱（季節性）、利尿、去除浮肉。

· 檸檬（Lemon）：「西班牙 / 果皮 / 快板」
　消除煩躁、免疫系統、便祕、感冒、痛風、風濕關節、淡化黑色素、膠原蛋白增生、胰島素分泌。

· 甜橙（Orange Sweet）：「西班牙 / 果皮 / 快板」
　腹瀉、便祕、放鬆、快樂、心悸、降低膽固醇、促進新陳代謝。

· 肉桂（Cinnamon）：「中國 / 樹皮 / 慢板」
　催情、陽萎、經痛、經前腹悶、關節肌肉舒緩、胃痛、脹氣、噁心、腹瀉、感冒、呼吸道感染。

· 乳香（Frankincense）：「索馬利亞 / 樹脂 / 慢板」
　緩咳、氣喘、喉炎、尿道炎、膀胱炎、除皺、收斂、經血過量。

· 沒藥（Myrrh）：「法國 / 樹脂 / 慢板」
　呼吸系統疾病、白帶、念珠菌、殺菌消炎、口腔牙齦炎、膿瘡、乾裂、傷口、凍傷、香港腳。

· 安息香（Benzoin）：「法國 / 樹脂 / 慢板」
　抗菌、收斂、除臭、利尿、化痰、鎮靜、祛除腸胃脹氣。

· 檀香（Sandalwood）：「東印度 / 木心 / 慢板」
　平衡皮膚、抗菌、消炎、放鬆、安神、鎮定、催情、淨化性器、促進陰道分泌、改善泌尿系統及呼吸系統。

- 雪松（Cedarwood）：「美國 / 木心 / 慢板」
  驅除惡靈、蚊蟲、支氣管炎、化痰、外陰搔癢、尿道炎、陰道感染、淋病、油性肌膚調理、放鬆、沉靜冥想。

- 西印檀（Amyris）：「海地拉薩爾山 / 木心 / 中板」
  春藥、退燒、傷口、流感、鎮靜、降血壓、催眠、心律不整、甲狀腺亢進、抗腫瘤、抗缺氧、保肝、殺菌、防癡呆。

- 紅檀木（Cabreuva）：「巴拉圭巴蘭卡尤山 / 木心 / 中板」
  壯陽、消炎、植物類固醇、傷口癒合、抗氣喘、降血壓、肌肉鬆弛、利糖尿病、調經、抗腫瘤、防蟲、防蛀。

- 銀雪松（Atlas Cedarwood）：「摩洛哥阿特拉斯山 / 木心 / 慢板」
  鎮靜、抗壓、頭痛、神經衰弱、皮膚修護、退燒、利尿、痔瘡、排毒解毒、胃腸潰瘍、止血生肌。

- 香柏木（Himalayan Cedarwood）：「印度喜馬拉雅山 / 木心 / 慢板」
  敗血症、贅疣、垂疣、肉芽、軟纖維瘤、麻疹、排毒解毒、肺結核、尿路、風濕關節、活血消腫。

- 薑（Ginger）：「中國 / 根 / 快板」
  脹氣、腹瀉、反胃、風濕痛、抽筋、關節炎、扭傷、肌肉痛、促進發汗。

- 岩蘭草（Vetivert）：「印尼 / 根 / 慢板」
  憂鬱、痘、活血、免疫力、淨化氣場，傳說中的發財精油就是這一支。

- 檜木根（Hinoki Root）：「臺灣 / 根 / 慢板」
  循環利尿、滴蟲、真菌、黏菌、抗腫瘤、風濕、鎮咳祛痰、肺結核、壯陽、利生殖系統、粉刺、痤瘡、毛孔淨化。

- 馬鞭草（Verbena）：「法國 / 葉 / 快板」
  減壓、促進消化、安眠、牛皮癬、青春痘，當香水氣味很好（可當定香劑）。

- 尤加利（Eucalyptus）：「澳大利亞 / 葉 / 快板」
  呼吸系統（發燒、氣管炎、痰、流鼻水、鼻塞）、抗菌、冷靜、尿道炎、關節炎。

- 綠花白千層（Niauli）：「馬達加斯加 / 葉 / 快板」
  呼吸系統（可與尤加利交替使用，對呼吸系統的保健最好）、振奮、集中注意力、痤瘡、膿腫、癤疔。

- 絲柏（Cypress）：「法國 / 葉 / 中板」
  呼吸系統、胸悶、靜脈曲張、水腫、調經、經痛、痔瘡、腋臭、殺蟲、止血。

- 茶樹（Tea Tree）：「澳大利亞 / 葉 / 快板」
  流感、除病毒、免疫、殺菌力超強、淨化尿道、預防改善生殖器感染、皮膚疾病。

- 歐薄荷（Peppermint）：「美國 / 葉 / 快板」
  發燒、偏頭痛、提神、呼吸系統、消化系統、五臟六腑止痛。

- 迷迭香（Rosemary）：「突尼西亞 / 葉 / 中板」
促進循環、集中注意力、增加記憶、頭皮保養、髮絲保養（高血壓者不宜用來泡澡）。

- 鹿蹄草（Wintergreen）：「尼泊爾 / 葉 / 快板」
促進循環、肌肉骨骼止痛、舒緩筋骨四肢疲累與腫脹。

- 香茅草（Citronella）：「斯里蘭卡 / 葉 / 快板」
驅除蚊蟲、跳蚤、頭痛、偏頭痛、喉嚨痛、發燒、咳嗽、腸炎、風濕痛、乳汁分泌不足、激勵情緒、憂鬱不安、除臭。

- 苦橙葉（Petitgrain）：「巴拉圭 / 葉 / 快板」
防腐、殺菌、止痙攣、抗抑鬱、除臭、鎮靜、止痛、神經系統的鎮靜劑、改善虛弱體質、增強免疫力。

- 玫瑰草（Palmarosa）：「印度 / 葉 / 中板」
抗菌、抗病毒、殺菌、促進細胞再生、安撫情緒、消化系統、刺激胃口、有助於神經性厭食者。

- 大王松（Longleaf Pine）：「中國長白山 / 松針 / 快板」
治百病、去邪氣、安五臟、消炎、祛痰、降血壓、降血脂、抗菌、抗病毒、抗心血管炎、防結石、攝護腺。

- 丁香葉（Clove Leaf）：「印尼 / 葉 / 中板」
治療痤瘡、跌打損傷、止痛、風濕病、關節炎、消化系統、嘔吐腹瀉、脹氣、痙攣、口臭。

· **羅勒**（Basil）：「尼泊爾 / 葉 / 快板」

治療神經失調、緩解頭痛、偏頭痛、哮喘、支氣管炎、鼻竇炎、便祕、噁心、嘔吐、抽筋、經期不足、緩解痛風症、關節炎。

· **百里香**（Thyme）：「西班牙 / 葉 / 中板」

抗風濕、抗痙攣、鎮咳、祛腸胃脹氣、促結疤、利尿、通經、升高血壓、強身、增加免疫力、活化腦細胞、氣喘、恢復活力。

· **廣藿香**（Patchouli）：「印尼 / 葉 / 慢板」

憂鬱症、鎮靜、催情、滋補、收斂、利尿、消炎、抗菌、促進傷口癒合，除臭、解蟲蛇咬傷的毒、預防發炎、細胞新陳代謝。

· **檸檬草**（Lemongrass）：「尼泊爾 / 葉 / 快板」

抗沮喪、抗菌、祛腸胃脹氣、除臭、殺黴菌、催乳、激勵、補身、產生精力、提振精神。

· **八角茴香**（Anise Star）：「西班牙 / 種子 / 快板」

禽流感、解毒、利尿、減重、消化系統、通經、催乳、更年期。

· **肉豆蔻**（Nutmeg）：「印尼 / 種子 / 快板」

止痛、抗痙攣、止吐、抗菌、催情、利心臟、祛除胃腸脹氣、通經、利分娩、激勵、利胃、補身、促進血液循環。

特別推薦臺灣三寶精油：

· **臺灣檜木**（Hinoki）：「臺灣 / 枝幹 / 慢板」

循環利尿、滴蟲、真菌、黏菌、抗腫瘤、風濕、鎮咳祛痰、肺結核、壯陽、利生殖系統、粉刺、痤瘡、毛孔淨化。

· **臺灣香茅（Citronella）：「臺灣 / 葉 / 快板」**
　　驅除蚊蟲、跳蚤、頭痛、偏頭痛、喉嚨痛、發燒、咳嗽、腸炎、風濕痛、乳汁分泌不足、激勵情緒、憂鬱不安、除臭。

· **臺灣茶樹（Tea Tree）：「臺灣 / 葉 / 快板」**
　　流感、除病毒、免疫、殺菌力超強、淨化尿道、預防改善生殖器感染、皮膚疾病。

常用複方純精油配方解密

· **放鬆** 100% 複方（協同）純精油
　配方：薰衣草、馬鞭草、雪松、甜橙
　功能：減低精神壓力、放鬆緊繃的情緒，可幫助放鬆、促進全身的壓力釋放。

· **開運** 100% 複方（協同）純精油
　配方：歐薄荷、迷迭香、岩蘭草、伊蘭伊蘭、葡萄柚
　功能：提神醒腦、集中注意力、增強記憶力、改善頭痛（偏頭痛）、舒緩腸胃不適。

· **浪漫** 100% 複方（協同）純精油
　配方：快樂鼠尾草、天竺葵、甜橙、伊蘭伊蘭、薑
　功能：催情、增加性慾、提升性能力、健胸、經前症候群、更年期、通經、活化卵巢。

· **森呼吸** 100% 複方（協同）純精油
　配方：薰衣草、尤加利、綠花白千層、茶樹、乳香、絲柏、八角茴香
　功能：殺菌、淨化呼吸道、預防各種感冒、緩解感冒之呼吸道症狀、鼻子過敏。

· **快樂** 100% 複方（協同）純精油
　配方：快樂鼠尾草、天竺葵、甜橙、檸檬、佛手柑、葡萄柚

功能：抗憂鬱、避免季節衍生之憂鬱症、消除煩躁、平衡食慾。

· **私密純淨** 100% 複方（協同）純精油
配方：薰衣草、佛手柑、茶樹、藍洋甘菊、沒藥、乳香、檀香、雪松
功能：淨化私密部位、身體皮膚病的改善、改善腋下與跨下因滋生細菌所產生的不良氣味、止癢、消腫（男性、孩童亦可使用）。

· **招財進寶** 100% 複方（協同）純精油
配方：檀香、岩蘭草、天竺葵、甜橙、雪松、迷迭香、伊蘭伊蘭、檸檬草
功能：去除穢氣、招財進寶、轉換情緒、調理內分泌，身、心、靈同步提升。

· **招蜂引蝶** 100% 複方（協同）純精油
配方：茉莉、伊蘭伊蘭、天竺葵、快樂鼠尾草、檀香、檸檬草
功能：建立良好人際關係、招桃花、吸引異性、取悅另一半、情境解放。

· **太極** 100% 複方（協同）純精油
配方：薑、薰衣草、葡萄柚、檸檬、茶樹
功能：加速身體的新陳代謝，使全身血液循環良好，並提供最充分的氧氣及營養。

· **振奮** 100% 複方（協同）純精油
配方：檸檬草、檸檬、山雞椒、馬鞭草
功能：隔離負面空氣、解放凝結的氣氛、使精、氣、神具備能量。

宮廷芳療複方按摩精油配方解密

· 放鬆解壓 SPA 按摩精油

現代人的壓力大，最常見的就是頭痛、失眠、腰痠背痛等問題，將此精油做全身按摩，立即改善緊繃的神經，釋放緊張的壓力。

配方：甜橙、迷迭香、檀香、薰衣草、葡萄籽油、維他命 E

· 完美曲線 SPA 按摩精油

循環不良是現代人的通病，造成全身各個部位浮肉堆積，藉由此精油對抗浮肉、促進循環代謝，進而雕塑曲線。

配方：天竺葵、葡萄柚、杜松子、絲柏、甜橙、維生素 E、葡萄籽油、甜杏仁油

· 消化系統 SPA 按摩精油

生活壓力大、作息不正常，經常會引發脹氣、排便不順、消化不良及噁心等症狀，此精油可有效緩解這些現象。

配方：八角茴香、薰衣草、歐薄荷、絲柏、山雞椒、維生素 E、萄萄籽油、甜杏仁油

· 淋巴系統 SPA 按摩精油

百分之九十九的疾病都與免疫系統失調相關，此系統是人體的防衛隊，經常使用此精油，有助於提升自我免疫力。

配方：薰衣草、八角茴香、黑胡椒、乳香、迷迭香、維生素 E、葡萄籽油、甜杏仁油

- **典雅雙峰 SPA 按摩精油**

為了抹去歲月的痕跡，保住優美的胸部曲線，女性費盡了心思，藉由此精油為您開拓事業線，遠離乳癌的威脅。

配方：茉莉、八角茴香、檀香、伊蘭伊蘭、維生素 E、葡萄籽油、甜杏仁油、月見草油

- **呼吸系統 SPA 按摩精油**

空氣汙染嚴重，病菌無所不在，因此常引起上呼吸道感染，如感冒、肺炎等，經常以此精油按摩可減少呼吸系統疾病。

配方：茶樹、雪松、薰衣草、絲柏、山雞椒、尤加利、維生素 E、葡萄籽油、甜杏仁油

- **肌肉骨骼 SPA 按摩精油**

現代人缺乏運動，身體乳酸堆積，產生肩膀痠痛、腰痠背痛、各部位肌肉骨骼疼痛，此精油促進乳酸代謝，緩解各種疼痛現象。

配方：歐薄荷、鹿蹄草、迷迭香、薰衣草、伊蘭伊蘭、維生素 E、葡萄籽油、甜杏仁油

- **女性生理 SPA 按摩精油**

從少女時期一直到更年期，婦科問題始終困擾著每位女性朋友，此精油配合按摩，可改善婦科問題所帶來的悶、脹、痠等問題。

配方：天竺葵、玫瑰、八角茴香、薰衣草、快樂鼠尾草、月見草油、維生素 E、葡萄籽油、甜杏仁油

臺灣的味道

✦ 福爾摩沙

臺灣是天賜之**福**，臺灣是幸運之**爾**，

臺灣是苦盡甘來，認真負責的情義臨**摩**，

臺灣是輾轉奮鬥，凝聚膠著的滄海之**沙**。

臺灣是全世界最美麗之靈性齊聚的**福爾摩沙**。

臺灣的味道是什麼？就是福爾摩沙！

　　臺灣的土壤有著全世界別處沒有的特質，因為臺灣四面環海，看海對每個居民而言都是輕而易舉的任務。臺灣有平原、有丘陵、有高山，最重要的是正在北回歸線的穿越處，如此中庸之道的四季如春，更增添了氣候宜人的土壤溫度。

　　臺灣的人熱情，當然土壤也熱情。肥沃的土地，在臺灣幾乎找不到任何一片貧瘠的感覺。對於外來的品種總如有朋自遠方來，不亦樂乎。如同新住民到了臺灣，慢慢的也把臺灣當成自己的家鄉，甚至比家鄉還家鄉，在這裡懷孕產子，綿延新的生命。就因為這般的好客，臺灣海外引進的種子，在這多能生根發芽，並且散發另一種原產沒有的特質，彷彿是用行動在感激這一片人情味濃厚的土地。

　　臺灣的土壤所種植出來的外來植物，大多少了原本的濃嗆，而是多了內斂的淡雅。臺灣咖啡如此，臺灣茶樹如此，臺灣香茅如此，臺灣山茶花如此，太多的一切皆如此。而臺灣的原生種更是傲然，凝聚著如同原住民的堅韌與豁達，矗立在山巔，高聳雲端，扁柏、紅檜、肖楠皆是如此。其濃郁的芬芳，世界獨有，因此更是侵略者

識貨的珍藏。

　　吳寶春在 2010 年拿下了麵包創作的世界冠軍，舉世譁然，臺灣沸騰，這除了善用其謙卑拜師學習的經驗與技藝，也是其對品質的堅持，更添加了臺灣植物的特有元素，重疊了臺灣原始純樸、感恩、惜福的感動，才能打敗各國的好手，創造出感動人的麵包。

　　麵包不是臺灣原本的產物，卻因吳寶春師傅震撼全世界。芳香精油、美容保養品同樣緣起歐洲，而今筆者卻決心將臺灣的天然產物發揚廣大，帶到世界最繁華的殿堂與最貧瘠的角落。

✧ 臺灣香茅精油

　　臺灣香茅精油曾經是全球最大生產國，幾乎全臺的滿山遍野都是香茅草，一念之差犯了錯誤，為了降低成本加了不該加的油料，於是一夕之間價值狂降，終至乏人問津。

　　而今，我們不能奢望再創當年榮景，卻也必須盡一己之力，再讓如此的芬芳飄洋過海、遠播重洋。臺灣香茅的味道比斯里蘭卡、印尼的原產地更顯清香，這又是緣起臺灣土壤與氣候所賜，展現著北回歸線的中庸之道。

　　香茅是日治時代日人所引進，圖的不只是當時臺灣的人力比日本便宜，而是氣候土壤真的適宜。香茅有著與芒草雷同的外型，卻是大異其趣，有著獨特的價值，也是很多香水工業最原始的原料。

　　如果只是把他看成防蚊的物質，那就太低估其價值了。**臺灣香茅有著一種特殊氣息，如同堅韌的臺灣精神，絕對不會因為環境的惡劣而對大自然低頭。清風一吹，勇敢果決。**

✧ 臺灣檜木精油

　　全球有七處生產檜木，然而品種都不同，最令人回味無窮的是臺

灣的「紅檜」與「扁柏」，這特殊的濃郁氣息不是其他國度所能比擬，於是大量被砍伐運往他國，尤其是日本。當然，有人說臺灣人自己砍伐的最多，包含山老鼠。而今已列為國寶，不准開採，於是都是以過去已成木料或漂流木為材進行蒸餾萃取。

但畢竟數量有限，於是假油又再出現，這難道都是商人很難抹去的習性嗎？

檜木精油怎麼可能便宜到一、兩百元一瓶？怎麼可能是清澈的淡黃色？這是難以斷除的惡習，我們卻必須端正視聽，在全世界皆知的味道上自律自愛，這樣的味道才是真正「愛臺灣」的味道。

臺灣檜木能夠提煉精油的，都是千百年的神木，豈能隨意以謊言踐踏之。因此，臺灣檜木油堪稱神油，是為全世界最具靈性的精油。**敬之，愛之，珍藏，廣傳之。那一股夢裡也迴盪的幽幽森林的神祕氣息，令人在時空中自在穿梭。**

✧ 臺灣茶樹精油

二次世界大戰之前，盤尼西林「青黴素」尚未被發現之前，歐洲最常被用來當作傷口的消毒劑是什麼？就是「茶樹精油」。

茶樹精油的運用歷史已非常久遠，這是天地的恩賜。尚未嚴重繁殖的微生物部落，茶樹精油都能輕鬆將其解決。不只用在身上，更可運用在家庭衛生，衣服沒曬好的臭味、地板潮濕的怪味、抹布汙垢造成的微生物滋生等等，茶樹都是他們的剋星。**澳洲茶樹精油有濃郁的嗆味，也較刺激；臺灣所種植的較為溫和，氣味也隨之順暢。**正因其特有的自體照護能力，因此種植的過程不太需要特別講究，只要給他肥沃的土壤與乾淨的水源，不必農藥即可壯大。很適合臺灣耕種，運用極廣，臺灣茶樹精油不只是臺灣的精油，更是臺灣的精神。臺灣原生種的澳洲茶樹，有著澳洲本土茶樹應有的功能，卻

少了其嗆味與刺激感，讓臺灣茶樹精油更增加了許多直接使用而不需稀釋的特有價值與方便性。

這樣的特質很符合臺灣人的屬性，緣起於唐山的族群堅韌耐磨，融合原住民的純真樂天，歷經翻轉的朝代摧殘，臺灣人擁有著這片土壤上的特有元素，這份濃濃的情感沒有外力能切割。

如果您是觀光產業，創造另一個屬於臺灣特色的商品，永遠不嫌多，臺灣茶樹精油就是即將引爆的選擇。如果您是精油運用的相關業者，推薦臺灣茶樹是很有智慧的決定。如果您是「手工皂」業者，臺灣茶樹精油手工皂，會是很好的方向。如果您有國外的朋友甚至廠商，請熱情分享「臺灣茶樹精油」。**在臺灣我們是「分享」，出國門才是「行銷」。在臺灣的熱潮，我們要延燒到全世界。**

這是我們能為臺灣農民做的一點事。臺灣農業很棒，農民卻很辛苦，寒害、焚風、大雨、土石流、颱風時，血本無歸。豐收時節卻不知賣給誰，富的是商人，慘的是農人。

我們要學習「商道」裡的林尚沃，如同維持高麗參的價值與尊嚴，保衛臺灣茶樹的精神。而這一切，我們就從「臺灣茶樹精油」開始！

臺灣的感動

愛一個人，就要疼惜她；愛一片土地，就要耕耘她；愛一個國家，就要榮耀她。我們不能嘴巴說愛，做出來的卻都是傷害。我們不能心裡想愛，卻沒有任何具體的行動做出來。

臺灣要稱為經濟強國，暫時很難了。臺灣要成為軍事強權，看來也不可能了。但我們絕對可以成為一個有人文、有素養、有大格局、有世界觀的國度。

很多人在傷害這塊淨土，卻也很多人終其一生都在用血汗灌溉這片土地。臺灣有好多的世界第一，卻沒有不斷的被宣揚、被炒作。不斷渲染的只有那些放大的歷史傷痛，那些已非當務之急的爭鬥，還有那些該改而不改、不該改卻一直改的法令。

臺灣現階段，應該要不斷翻耕的是自己原本就具備的優勢與特質，而不是一直在沒有中找有，一直用其他國家的現況來否定臺灣，用外國人的論點來誣衊臺灣人。這就像叫校外人士來打自己的同學，叫自己的朋友羞辱自己的兄弟姐妹一樣，臺灣需要一種自我肯定的思維與行動。

當我們說別人很好，就要告訴自己我們可以更好，吳寶春師傅就是典範。筆者恰巧與其同年生，卻也有著同樣的熱血。

我厭惡了盡是進口的讚嘆，卻沒了自我創造與超越的雄心。於是我從進口原料，調配完美的配方，為美容界創造完美的自有品牌為開端，不再為外國人的品牌打江山。

而今，我更進一步以臺灣的植物，化作一瓶瓶原始的感動。臺灣不是只有黑心油，還有愛心油。

我將真正的臺灣茶樹精油、臺灣香茅精油、臺灣檜木精油，以臺

灣為標題賣到海外,雖然還不多,但這是開始。我開始以教育與文宣協助農民保有自己的價值,以及臺灣人對本土精油的認識。

　　SPA 是外來的產物,按摩油是外來的概念,基礎油青一色都是進口的原料,葡萄籽油、甜杏仁油、荷荷芭油……等等。其實臺灣的芝麻油(胡麻油)、山茶花油(苦茶油)都是可以當作頂級的基礎油,只是沒有人去推廣它,傳授教育其奧妙之所在。

　　如果有一瓶純正天然的「芳香 SPA 按摩精油」都是由臺灣的基礎油、純精油所調配,沒有任何外來的添加物,全部的元素都是臺灣,然後推廣全臺使用,並且外銷國際,名聞遐邇,您是否會感動?

　　我會感動,我已經在做,並且已經做好了。

　　這樣的理念與行動,需要愛臺灣的您一起共同支持。

精油祕密檔案 I

A、精油只存在於植物，不存在於動物。精油是植物的靈魂、免疫
　　系統、內分泌系統。

　　也是植物最能散發氣味的物質。每一種植物都有精油，只是看有
無開發價值。

　　並非所有的精油都適合人類使用，也不是每種精油都討人喜歡。
但，精油絕對是植物生命的守護者，天賜之至寶。

B、精油只有五種使用方式：薰、吸、抹、按、泡。

　　千萬不要有第六種，例如：吃、燒。精油透過嗅吸與皮膚吸收，
就能達到強烈的效果，即使是食品級的精油，也不能亂吃。此乃傷
天害理，大不智。消化道受損為其一，過度反應為其二。

　　燒更是笨蛋，因為燒了就是新的物質，不再是原本的精油了。清
明節也別燒給祖先，因為祖先會生氣，說你沒常識。

　　中華民國政府正式發函給各化妝品廠，請化妝品廠於未來的製造
品必須標示「禁止使用於食品」。品牌商、經銷商教育消費者濫用，
將自食惡果。

C、清明時節，淨化類的精油建議隨身攜帶塗抹。例如：岩蘭草、
　　香柏木，或相關類似的精油，避免「磁場干擾症候群」。

　　岩蘭草氣沉，濁氣皆浮。擦完若有打嗝、排氣、起疙瘩皆是除穢
之現象。進入相關場所之前，百匯、耳後、後頸、手肘，重點塗上，
然後全身帶過，即形成保護。敬拜完畢離開現場後，再塗一次，完
整淨化。岩蘭守護神，眾煞不侵身。

D、中藥類的精油例如當歸、八角茴香等精油與熬煮的補湯相同嗎？
　可以將精油加入補湯中食用嗎？

　　當然不行！因為中藥熬的是「微量元素」，是「不揮發」的物質，精油提煉的是「高揮發」的物質。差異極大，天壤之別。

E、精油具備天然的防腐功能，化學香精卻沒有。

　　精油容易代謝，代謝過程能讓身心靈產生正面效果；化學香精卻無法代謝，更產生負面結果。除了香味持久，乏善可陳。在第一支香精所打造的香水誕生之後，香水的世界已沒有純天然的立足之地。但在科技與反璞歸真的養生環保概念高漲的時代，純天然已然再度成為主流。革命已經開始，革命的地點就在「臺灣」。

精油祕密檔案 II

F、芬多精（Pythoncidere）是 1930 年蘇聯的一位博士所提出。

芬多精來自植物的防禦系統，善用之，百利而無一害。因此可以說芬多精是植物精油的一部分，但不是全部。將精油擴香在空間裡，就可以擁有如同置身森林的感受，這是城市生活的人們所最欠缺的。在空氣品質每況愈下的時代，空氣清新機需求倍增，卻也不要忘了，除去傷害的物質，卻也更需補強有利的因子。枝葉類、樹幹類的精油，正是芬多精的主要來源。

G、精油可以改變心境，轉化磁場，這是不涉及療效的區塊。

只要是真正純天然的精油所組成，如果只是情境薰香與個人香芬，那麼選擇一個自己喜愛的味道是非常重要的。因為只有自己喜歡，心情才會愉悅，做事才會順暢。

但自己所接觸的族群也必須喜歡，否則就會造成朋友不敢靠近。有人身上有異味（狐臭、汗臭、腳臭、體臭、口臭），自己沒有感覺，有如鹹魚之屋。為了掩蓋，有人喜歡噴香水，然而接近的人卻厭惡如此的味道，自然遠離。

從上述我們不難想像，氣味如何影響了自己的磁場。因為磁場除了自己內在的反應外，更是周遭所願意靠近的有形無形的一切。您的氣味影響您的運氣，您的「味道」將代表著您的「品味」，決定著您人生的「康莊大道」。

H、純精油是高揮發物質，單一種叫單方純精油，兩種以上混合即稱複方純精油。

加了基礎油，才能增加其延展性、潤滑度、與皮膚接觸的時間，此種精油我們稱為按摩精油。純精油可以用來薰香、吸入、塗抹（局部）、泡澡，按摩精油可以用來塗抹、按摩，卻千萬不要那來薰香與泡澡。

I、化學工業的進步造就了各種材料的多元與先進。可以說沒有化學
　　工業打底，就沒有現今科技的茁壯。

水能載舟，亦能覆舟。環境、土壤、空氣、水的汙染，這也拜化學工業之賜。以假亂真，沒有食物本質的食材也因應而生。沒有咖啡的咖啡，沒有檸檬的檸檬汁，來自沒有人性的人們。

因此市場上，您也會遇到沒有芳療的芳香療法，用著「沒有精油的精油」，這樣的結果將讓您身體越來越糟。天啊！那該怎麼辦？知識可以分享，經驗卻必須自己累積。

J、精油可以吃嗎？怎麼吃？精油來自化妝品廠製作，不是食品廠，
　　您說該吃嗎？

教您吃的一定說得頭頭是道，食品級、醫藥級，我只能説：出事了，通通來不及。想要吃到精油，直接泡花草茶，就能汲取到微量精油的美好，這是精油最安全的服用方式。

K、然而花草茶也可能殘留農藥，農藥屬於油性，所以若亂吃，農
　　藥恐怕比微量精油超量很多。

因此，慎選專業可信賴的花草茶品牌來源，是您享受精油內服SPA 的唯一方式。一杯花草茶，天使一心語。

精油祕密檔案 III

L、只要是油性與水性物質相混，若無介面活性劑破除當中的表面張力，終究分層。

　　因此想要兩相「兩性」均勻而穩定的相混，必將「乳化」。乳化必產生渾濁的現象，所以太過清澈的溶液，您說可能是兩相物質都在嗎？不可能！因此市面上一堆精油洗髮精、沐浴乳、洗碗精、洗衣精，不混濁也無分層，卻告訴你「加了精油」，可能嗎？因為精油雖不油，卻依舊是油。精油一直被當成賣點，大家卻不好好認識簡單的物理，才會有錯誤的認知。

　　那為何會寫薰衣草精油洗髮精？為何味道這麼香濃？連顏色都是紫色的？您沒聽過香精比真的精油還香嗎？您知道薰衣草精油透明無色嗎？別怪商業行銷誤導，「生活常識」的缺乏才是源頭的困擾。

M、按摩油就是可以用來按摩的油，只要具備滑潤感就能當作按摩油。

　　因此很多人就隨便取油充數，卻不知風險在何方。但您總不會拿餿水油、地溝油來按摩吧？若是用工業用油，內若含有有毒物質，將透過皮膚進入體內。礦物油風險最高，尤其是來自石油所衍生的副產物，有機溶劑的殘留都是問題。動物油呢？通常也顯得黏膩，也比較容易造成敏感，並且還有藥物及荷爾蒙、病毒殘留之虞。

　　植物油通常比較貴，然而植物油最大的問題，就是氧化後產生的油垢味，因此可用維他命 E 油協助抗氧化。唯一不氧化的植物油就是荷荷葩油，又稱為植物臘，但價格也顯得昂貴，於是假的荷荷葩油就又出現了。若能以純植物油當基底，加上適合的純精油配方，

那麼按摩真是一大享受。按摩要快樂，油壓慎選油。

N、如果您想要香香的，您可能會去買一瓶香水。現在您也可以依照您個人的喜好選購幾瓶適合您的單方純精油，6至12瓶即可。

隨心所欲隨時看心情挑一瓶當香水，也可以自行調配複方的氣味。您會發現，過程即是享受，結果更是快樂。當妳所調配出來的味道倍受肯定，那麼喜悅已不足以形容當下的心境。若能先接受完整的調香訓練，那麼成就感將不言而喻。

O、精油是天地神聖的恩賜，因此恭敬而感恩的運用，效果必然更佳，因此描述基本禮儀。
1. 調配精油時，最好聆聽播放具靈性的能量音樂，沐浴淨身，身心恭敬，始能操作；
2. 試聞時滴於面紙，輕輕拂聞；
3. 若不捨滴出，請聞瓶蓋，勿直接以鼻靠近瓶口，一來恭敬，二來衛生；
4. 使用時先將精油置於手心，心念純正，與您的信仰相印，然後才開始使用；
5. 使用完，給予精油恭敬的感謝，再將精油細心收藏；
6. 典藏精油的位置，就是您覺得最重要的地方。

P、有聽過「花精」嗎？這裡不多論述，只是必須讓大家知道：
1. 花精與精油一點親戚關係都沒有；
2. 花精是運用所謂的「訊息」，精油是「物質」；
3. 市面上有以精油訴求花精的概念，這是一種無知；
4. 市面上有以化學香精訴求花精，這是一種欺騙。
請切記，精油、花精、香精是三條平行線，不會有交集。

精油祕密檔案 IV

Q、負離子顧名思義就是帶負電，主題訴求帶負電的水分子。

對身心有益。然而「負離子」與「芬多精」也沒什關係，只是在森林瀑布中經常相遇。所以可以這麼説：

「芬多精」是「精油」的過動兒，不需提煉自行釋放；

「負離子」是「芬多精」的鄰居，偶爾出門就會相遇。

R、地震來了，要用什麼精油？其實真的要用「驚油」。

當突如其來的狀況發生，情緒並非很容易控制的因子。此時多數人會驚恐、不安、壓力、緊張，因此，藉由精油舒緩情緒是非常好的選擇。

1. 岩蘭草可以促進沉靜、安定、去邪氣；
2. 薰衣草、馬鞭草可以讓身心放鬆；
3. 百里香可以增強勇氣；
4. 柑橘類的都可以提升快樂愉悦。例如：甜橙、葡萄柚、佛手柑、檸檬。

當然，驚恐的事件無常，並非只是地震，「精油隨身心不驚」。

S、您是各科醫生、心理醫生、營養師、護理師、美容師、心理諮詢師、命理師嗎？

您應該同意「要解決事情，應該先處理好心情」吧！

因此，不論您是哪一師，您都可能需要具備「激勵的言語與工具」，當客人被激勵了，一切的效果就會好了。「激勵的言語」是門學問，可以從書籍、影視、網路的分享來，最重要的是自己激勵

鼓舞自己的感動能力。「激勵的工具」可以是書籍、文章、影音短片，最重要的是若您懂得善用精油分子的氣味與能量，那將事半功倍。

讓激勵成為您基本的能力，您將發現什麼才是專業的服務。

T、「廁所芳療」：不知您有沒有進去公用廁所開門後迅速衝出來的經驗，便意再急都忍住了。為什麼？實在太臭、太噁了。

因此如果可以隨身戴著口罩，任何材質皆可。進廁所前滴上精油，例如：尤加利、檸檬馬鞭草、岩蘭草，如此您將可順暢一些。

有時，上廁所太急或者上太多次，再或者排泄物太乾澀造成撕裂傷，此刻若有清水或濕紙巾先淨化過「肛門」，再以薰衣草或 5% 藍洋甘菊塗抹，即可讓一切回歸舒適的感受。

U、「旅遊芳療」：外出旅行就是一種身心靈的療癒，精神與知識能量的充電。行萬里路勝讀萬卷書，但要小心安全，交通與防身不可少。

1. 刮傷、撞上、小傷口：薰衣草、茶樹；
2. 頭暈、頭痛、胃痛、噁心：歐薄荷；
3. 旁邊有人咳嗽、流鼻涕：尤加利、綠花白千層；
4. 磁場干擾，經過古蹟、墓園或靈異區域：岩蘭草。

外出問題多，常備精油要帶好。快樂出門去，平安回家最重要。

精油祕密檔案 V

V、「能量精油」：我們經常會看到能量這兩個字被運用在商品上，包含水。

　　然後就開始有專家出來抨擊這是廣告噱頭，這樣的水哪來的能量。其實，哪一種水沒有能量？任何一種物質都有能量，因為這世界所有的一切都是能量與物質的轉化，愛因斯坦的「質能不滅」便說明了一切。位能、動能、電能、磁能、核能、生物能，任何物質訴求能量有何不能？只是如果只是商業的訛騙，那就是意念上的負能量了。

　　精油是物質，只要不是用假的精油來冒充，那麼任何一種精油都是能量精油。然而各種精油的運用，在坊間的專業書籍裡都有詳述。因為不涉及療效之法令規範，故以能量命名之。精油的能量還必須您透過學習與親身體驗深入感受，您將發現，各種「能量的正與負」將因知識而放大。

W、「宗教芳療」：20 歲後，宗教是八成以上人類的心靈寄託。

　　燒香是期許願望的傳達能讓神明知道，然而這也只是訊息傳達的一種方式。部分宗教以祝禱、以膜拜、以各種儀式，以心印心，傳達心念的訊息。心念的傳達來自於專注、誠意、善良，因此不一定是燒大把的香就是大把的誠意。

　　近年來，部分香火鼎盛的廟宇已經不讓信徒點香了，因為環保問題已超越了大自然的負荷，何況已經是一堆化學香精充斥的香，對人體也只有害處。

　　如果我們能以「淨化類的精油」塗抹於身上，洗滌自己的心靈，

再以一捻「心香」傳達訊息。若稱供養，亦可以將「供養類的精油」滴入薰燈，一滴精油如同一柱香。懺悔即止禍，善念始生福。

X、「行動冷氣」：大家都擁有行動電話，但沒聽過行動冷氣吧！

「狹義的冷氣」皆是能將空氣平均溫度降低的冷空氣。在自然界的產生有冷氣團、下雨、水流、冰塊等。在人為製造下通常就是冷氣機了，冷氣機務必每年保養與清洗，以免吸入多年前的髒空氣，換來了冷度，卻也得到了呼吸道的敏感度。

「廣義的冷氣」即是可使體感溫度降低，感受清涼的物質與方法。各種方式很多，但您應該沒聽過可以隨身攜帶卻能感覺極度清涼卻又持久的「行動冷氣」吧！歐薄荷就是代表物質，但因品種的不同，「清涼度」與「持久度」也不同。

若有其他的配方，那將可能更加提升其清涼感與舒適度。有人會以冰片替代歐薄荷精油，這卻不是適當的方式。因此，若有適當的精油配方，能夠讓您在炎炎夏日以及昏沉的時刻「隨身攜帶」，這應該是熱力四射的季節，隨身必備的工具。

冷氣機已是舒適生活與環境的基本配備，但畢竟無法隨身扛著跑，行動冷氣的精油運用，卻是「時尚一族的貼心夥伴」。

Y、淨化類精油：在各種國度與宗教都有使用香料、精油的記載。

因為對鬼神的敬畏，香氛就是一種恭敬權威的象徵。沉著濃郁的香氛，也經常是淨化的代表模式。因為乾淨的水有時並非如此容易取得，淨化了身，也要淨化了心靈。

淨化類的精油：岩蘭草、檀香、西印壇、紅檀木、香柏木、雪松、乳香、沒藥、迷迭香、丁香。

但，心念更是重要。因為物質只是助力，心念才是主力。

z、放鬆小精靈：壓力來自何方？來自身體、心理，來自無始以來靈性所承受的累積。

真正的放鬆就是要放過自己，放掉過去的創傷記憶。

放鬆的方式有很多，有人選擇燈紅酒綠的狂飲，有人選擇高歌低吟小酌，有人選擇運動跑步、飆車。在安全的範圍內，放鬆解壓是經常必須進行的活動。然而，泡澡、按摩、精油的運用應該是最簡便的方式，舒壓式的心態調整已是這時代最重要的生活態度，因為壓力乃萬病之根源。若以精油論之，薰衣草、馬鞭草堪稱輕鬆雙草，木質類的檀香、雪松、岩蘭草、香柏木、檜木就有心靈沉澱的解壓感，柑橘類的精油都有調整負面情緒轉為正面的愉悅感。

當然，個性的不同，放鬆的定義也不同。這部分可從星座、血型、生肖、生命靈數深入判斷，就能找到適合自己放鬆解壓的配方。

D 典範傳奇篇

貝多芬、莫扎特堪稱古典音樂的典範，藉由音符的脈動感染世界萬物的情緒波動，流芳百世，千古傳頌，是謂傳奇。這是音樂之美的傳奇。

美容工作者的作品是創造在會有生老病死的生命，除了照片，除了自我的記憶，留下的只是曇花一現的感動。

這是無名英雄深刻的人生哲學，隨著時光的淡忘，不會再有人記得曾經的藝術經典，也不會有人再去紀念曾經的輝煌。

這些歷史卻值得學習，這些精神卻值得複製，因為他們都是奮鬥的靈魂，人中之典範。

他們不是大人物，卻完成了大事情，在世界的空間畫布中，為生命的存在，創造了每一當下的絢爛。

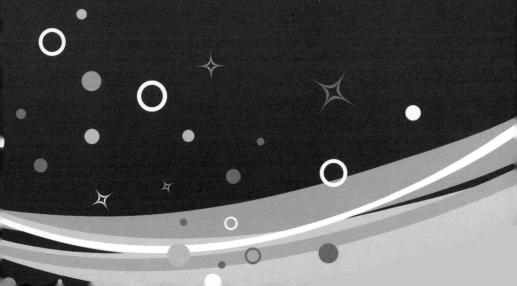

愛琴海 —— 尹岑

尹岑尹夢尹音樂，愛山愛水愛琴海。

愛琴海是個傳奇的海洋，有著充滿戲劇性的故事，更是數個古文明相繼管轄的海域，因其為交通要塞，當然是兵家必爭之地。在波浪中陳訴著歷史，在濤聲中演奏著蒼涼，在懷古的幽思中飄蕩著無與倫比的旋律。

而「愛琴海室內樂團」就在這樣的古典潮流中誕生了。團長尹岑恰如希臘古代的名伶，在表演臺上翩翩起舞，昂首高歌。

尹岑最愛的是巴哈的歌德堡變奏曲，這是巴洛克時期的複音音樂，簡單而純淨，催眠曲的本質安定了惶恐浮躁的心靈。尹岑就這樣安然的在母親廖瑞芬的子宮中沉睡，獨自沉醉於七彩的音律。1986 年 5 月 20 日，這一個累世跳躍於舞臺上的靈魂離開了母親的軀體，在臺南哇哇落地，開始了另一段美麗的音樂人生。

在不優渥的環境中，母親遠見的栽培，呼應著尹岑註定的宿命，踏上音樂之路，於臺南應用科技大學音樂系畢業，主修鋼琴，副修長笛。所有的樂器在尹岑的手中如同玩具，信手拈來便是好曲，便是扣人心弦之音律。這應該是過去世所累積的習性，只需輕輕勾起，即泛起了記憶。

是的，沒有上天雕塑的天才，盡是曾經奮鬥的積蓄。然而，沒有母親含辛茹苦的培養，就沒有今日盛開綻放的花朵，這份愛已經不

是可以用感激來形容其情感之等級。

　　音樂老師、表演者、主持、主持人培訓，都是尹岑的專長，在愛琴海音樂工作室教授古典、流行鋼琴、長笛，並且開授專業主持人培訓班，培養後起之秀。

　　1997 年創立愛琴海室內樂團工作室，帶領數十位專業表演者，承接兩千場以上各類型活動演出、節目主持策劃。

　　尹岑也學習正統音樂體系發聲技巧，師事丁晏海教授，還有聲音技巧、語氣表達，師事於知名配音員周震宇老師。個人主持經驗五百餘場，音樂表演更是經歷千百場。

　　愛琴海室內樂團緣起於大學時代的喜愛表演，與同學到處找機會演出，光觀古蹟、藝文廣場、公益團體，都有他們的蹤跡。累積經驗的同時，順道推廣樂團的知名度，於是慢慢建立了口碑，也開始接演商業活動，從小型婚宴開始，做出了成績，政府與企業便爭相邀請了。

　　九年過去了，回首來時路，點滴在心頭。很辛苦，很值得，沒有學非所用，沒有不務正業，沒有半途而廢，只有感恩深植於心頭。

　　尹岑感恩著，感恩團員們的不離不棄，感恩貴人們的一路相挺，感恩給予表演機會的每個機關團體企業，讓愛琴海在牙牙學語中成長，在懵懵懂懂中茁壯，而今的穩健呈現，以上缺一不可。

　　可靜可動，靜中典雅，動中活潑卻又不落低俗，客戶表述「愛琴

海是臺灣難得一見的人文樂團」。當一個單位接著一個單位引薦邀請，一年接著一年的再續前緣，尹岑知道「愛琴海」在音樂活動舉辦的實力已經漸漸紮實了。

但，這樣的成績並沒有讓尹岑自滿，反而更加虛心檢討，不斷充實各種表演環節的功力，接受各種新課程的訓練，包含言武門的講師訓、文字班、療癒天使。就因如此，愛琴海的影響力已漸漸不只在臺灣海峽，而是延伸到對岸，甚至其他國度。海外爭光當然是下一波目標的挑戰，愛琴海志在必得。

真正舞臺上一流的表演者，表演時的熱度，聚焦總不在報酬，而是迴盪不絕於耳的如雷掌聲，還有在音樂祝福中真正誕生的幸福。

有一次，耳邊傳來一個聲響：「Anna 好久不見，這是我的兒子，已經七歲了。」原來八年前的婚禮，果然因為愛琴海而綻放著了祝福，這中感動與溫度就是表演者心中最美的報償。

故曰：
推波助瀾愛琴海，悅音瀰漫心無礙。

幸運的玉石 —— 王玉冠

王者之風玉皇冠，靈性加冕已鑲鑽。

在新店偏遠的山坡上，這是玉冠生長的地方。家有五個兄弟姐妹的玉冠，剛好站在排序的中央，卻也形成了中流砥柱的性格。

看似傻大姐的特質，因為不喜歡 A 型的扭捏拘謹，助產婆接生的她，總覺得 O 型的自己是那麼的豪邁不羈，欣賞極了自己。卻在一次車禍需要輸血的過程中，意外發現原來自己竟是「A 型的水瓶虎」，這一幕深烙腦海，永生難忘。

父親在新店北宜路山區有塊農地，從小跟著種茶，翻土、施肥、除草、製茶，這些當時艱辛的體驗讓玉冠在完整的程序中，感受到了茶與人生密不可分的奧妙哲學。從採青、日光萎凋、室內萎凋、發酵到殺青，從揉捻、乾燥、焙火到成品，玉冠終於感受生命汗水蒸發後的茶香渾厚，品味回甘之感動。

為了減輕父母的負擔，幫忙帶大了小八歲的弟弟，雖然整面牆都是玉冠的獎狀，照理是應該專心讀書的年紀，除了要幫忙茶園的農務與家務外，國中時開始拿著家庭代工回家自己做。玉冠知道父母太忙碌而辛苦，沒太多時間與精神呵護自己也需關照的心靈，於是她放棄了不斷升學的念頭，而是希望自己趕快長大，趕快能夠賺錢。

童年並沒有任何讓她想要流連忘返的地方。打工的第一站是服飾店，但很快地前進了餐飲業，港式飲茶、川菜館，163 公分的身形

讓她幸運地被領班提升為帶位的領檯，不需再端盤、扛菜。

一轉眼數年過去了，她感恩著服務業第一線的客服應對，因為「客服」的磨練，也讓她歷練了「克服」困難的臨場經驗。其中之滋味有如她最愛的「腐皮蝦仁捲」，看似平凡的食材，卻在入口之後展現了外韌內美的鮮味。也有如川菜回鍋肉，繁瑣的程序，卻是為了料理肉質的層次感，激勵味蕾的跳動，彈牙而垂涎。

高中就讀廣告設計，畢業後正式的第一份工作卻是賣靈骨塔，雖說公司的講師與主管說得上天堂下地獄，玉冠也依舊遵守乖乖聽話照做的習性，終究發現這並非自己的興趣，「喜歡陽光曬滿臉，不談青花瓷終年」。

於是轉而進入房仲公司擔任美工，開始學以致用，半年後轉業務，兩年後再與同事自行創業。賺取了經驗，覺得自己實在也不是業務的料，於是轉戰出版社，從企劃編輯到活動規劃，一晃七年如雲煙。

在出版社期間，22 歲的玉冠結婚了，也生了兩個寶貝，決定專心擔任家庭主婦，以夫為尊，以兒女為方向，原來這是全世界最辛苦的行業，瑣碎的家務已經像火山灰一般淹沒了自己的視野。

水瓶座的玉冠，決定打開瓶口的玉蓋，繼續學習。再度走入人群，取得了化妝品應用管理的學位，也正式踏入了美容業，這時候的玉冠才真正找到了自己的興趣，在服務客人的過程中，得到了美麗蛻變的成就感；在教育學生的傳承中，呼吸到了前所未有的滿足；在與志同道合的夥伴合作中，感受到了彼此幫助的幸福。玉冠深覺自己的幸運。

卻在最幸運的時刻，婚姻產生神話般的變化，不是情變，不為財錢，而是夫婿的信仰際遇，質變了原本保有的安然。幾經掙扎與自我療癒，玉冠決定結束這一段長達 17 年的感情，以祝福代替感傷。

　　除了孩子是玉冠的精神依附、奮鬥目標，在「艾瑪美容系統」中領導團隊前進，解決客戶問題肌膚以及身心靈的相關阻礙，一波波學生磨練學習成長的渴望，玉冠享受著被需要的感覺。這是責任，令人滿足的責任。玉冠擁有了兩家直營店，也輔導眾多學生走出自己的事業之路，遠及大陸的深層內地。

　　玉冠在接受採訪的四個小時過程中，說了超過十次「我覺得自己真的好幸運」。在需要幫助時，貴人不斷出現，連現在座落臺大公館鬧區的店面，超過十位的合作夥伴都是朋友、朋友的朋友、再朋友的引薦。從美髮、美容、美體、美睫、美甲、紋繡一應俱全，這樣完整的複合式經營豐富了玉冠完美的美容事業。

　　最值得一提的是，在她人生面臨種種考驗時，她沒有屈服，而是更勇敢的面對，壓力大到忘記了呼吸，於是提醒自己不能缺氧，所以必須經常深呼吸，這就是她連鎖系統店名「森呼皙」的由來。

　　玉冠自豪著自己超強的「忘性」，這是一種「學習修煉的遺忘」，是一種「放下的能力」，雖然眉宇之間依舊鎖著深深的哀傷與憂鬱。

但筆者以己閱人無數的深層解讀：
玉冠之所以放下，來自放過別人，也放過自己的智慧。
玉冠之所以幸運，來自一張誠懇的臉龐，懸掛著一雙堅定而不閃爍的眼神，如兩輪明月而非星光。玉冠之所以處處逢貴人，來自過

去式的時時當貴人，這是因果的必然。玉冠對今生過去所有的一切，如同喝了孟婆湯，瞬間如隔世。這樣的境界，卻已平凡見偉大，值得讚嘆與學習。

　　故曰：
　　森森呼吸著彩衣，創傷記憶已白皙；
　　若問目標何處去，責任成就照大地。

蛻變的阿凡達 ── 何曉紅

何時何處尋光亮,旭日破曉東方紅。

　　湖南「張家界」之美,山明水秀,氣勢壯觀,堪稱世界奇景,永遠的古典山水畫,吸引了《阿凡達》於此取景,留下了膾炙人口的電影傳奇。1971 年 5 月 6 日,曉紅就在這裡誕生了。這樣的出生地,並沒有帶來人生的順遂,接踵而至的卻是一連串電影劇本般的折磨。

　　一個弟弟小兩歲,另一個小六歲,媽媽卻在生完弟弟後撒手西歸,這一年曉紅七歲。媽媽走了,曉紅不再講話了,大家以為她啞了,過了好多個日子才能再開口,可見這頓失依靠的痛。

　　爸爸工作,奶奶、外婆分別帶著兩個弟弟與曉紅,在寒暑假才有全家團聚的機會。卻也在團聚時,害怕冬天的到來,因為曉紅必須負責洗衣服,小小年紀在池塘邊刷洗著厚重吸水的棉襖,這是令人不捨的畫面。然而弟弟們的衣服總難掩豪邁之翻滾,洗著他們的外衣,都如同幫出土的兵馬俑換衣裳,不禁水流也沾染了鹹味,淚灑池塘。大人們也怕凍,帶著曉紅一起到山上用溫泉洗衣,淺嚐人間的溫暖,而這溫暖似乎又像在土壤裡的母親,陣陣傳出的緩緩熱浪。到山上要走好遠好遠,但曉紅卻渴望這點溫暖,才有母親的愛,經手而穿腸。回家,外婆總會用炭火讓她暖暖,但手無直覺,只有滿滿的心頭傷。

　　國中在姑媽家住,雖也是疼,卻也是寄人籬下。畢業了,奶奶也

因癌症，78 歲過世，留著唯一的「現金 200 元人民幣」遺產給曉紅，這瞬間開始，哭著睡著已是常態，如同伍子胥，頭髮竟斑白。

再難熬的日子總會過，湖南商學院管理系畢業後，進入了職場，兩個月考上了會計執照，在政府機關找到了信心的依靠，又碰上了初戀的男友，戀情也讓人年輕了起來，找回了童年缺乏的快樂，頭髮也黑了回來。

19 年前被安排嫁到了臺灣，生了孩子，這是人生的另一段輾轉。是的，曉紅並不快樂，希望再回到湖南，卻也在往返兩岸中徒增了茫然。

曉紅 30 歲農曆生日的這天，爸爸肺癌末期，也走了。這一天的到來，幾乎讓曉紅已經沒有存活下去的氣力，因為她知道，再也沒有疼愛她的長輩繼續存在她的生命裡。

在茫然中，無意識的在網路上找著自己的希望，看到了蕭麗華老師的唐寶寶記錄，感動。2011 年 11 月 29 日正式與蕭老師見面，學習了蝶式挽面，更在國父紀念館的一次「義挽」中突飛猛進，這是曉紅正式踏入美容產業的開始。因為蕭老師的引薦，進入了化妝品公司擔任美容師，讓自己對美容的運用也再度往上竄升。

2015 年也再因為蕭老師的格局，讓曉紅增加了視野，學習了芳療的相關知識與技能，更接觸了「言武門」，認識了筆者，學習了一系列的正能量教育。「言武門講師訓」、「言武門文字班」、「言武門療癒天使」、「生命靈數」，這一段歷練讓曉紅完整的找回了自信，找回了生命的熱情。曉紅發現自己開始快樂、踏實、滿足、

感恩。讚嘆生命中所有一切的發生，也開始希望在不斷精進自己的過程中，能夠奉獻所長。

曉紅希望自己能夠有越來越強大的能力幫助有緣人，希望能夠將兩岸的正能量互融，將中華文化的人文素養，透過語言與文字的傳達，能夠找回龍的傳人飛躍天際的靈性之美。

看著毛主席的雕像，想像著風起雲湧的壯觀，曉紅開始活出了湖南妹子應有的勇敢。看著機艙外的雲山海洋，遙望多年來的心境掙扎，曉紅開始找到了生命安排的快感。曉紅感恩天地所有的安排，感恩如今所有擁有的一切，因為她知道，她正發光，穿梭於兩岸的天空，跳躍於兩地的舞臺。呼吸重來不曾如此順暢，原來並無遠離家鄉，而是開拓了生命更美妙的燦爛。

曉紅說：
我是東方冉冉升起的希望，我是海平面上破曉的陽光，我是蛻變的阿凡達，我是何曉紅！

舞動國旗的獎盃 ── 李品軒

桃李天下一倩影，聞雞起舞刀劍精；
絕品盡展耀國際，為分軒輕把命拚。

你愛臺灣嗎？你是臺灣人嗎？
還是這只是你的口號？
當你讓臺灣蒙羞，當你只懂得媚洋，
當你做著傷害臺灣人的事，你說你真的愛臺灣嗎？

這是一個真正愛臺灣的故事，出生自小琉球的船員家庭，身為長女的品軒被父親嚴格教育為榜樣，因為還有四個弟妹。父親很少在家，為了生計遠洋跑船，母親以家庭代工貼補家用。在等待父親歸來中成長，在四面環海的小島上茁壯。

長大了，景氣不景氣，卻從來就不是品軒思考的問題，因為在品軒的心中沒有不景氣，只有不爭氣。品軒只想為自己、為父母、為這個國家爭氣，希望能以一己纖弱之身軀，也為國為家出點力。因為對小琉球而言，臺灣本島就是最重要的依靠與地基。

也因為在這樣資源貧瘠的小島上，品軒更能體會「小國當自強」的胸懷。小琉球佔地只有 6.8 平方公里，人口總數只有一萬多人，卻是觀光聖地，印證一句：「地不在大，有心同鳴，團結齊耕耘，大戰也勝利。」

不管人生翻騰的過程，不論煎熬是否留下傷痕，既然選擇了美這

個行業，品軒按部就班取得了美容與美髮個別的丙、乙級，並且更鑽研於頂上功夫，因此頭皮的相關知識與技能也深入至最高級。

品軒從小琉球游向臺灣，從臺灣潛向國際，為的就只是爭一口氣。

從亞洲到美洲，從美洲到歐洲，從美國到德國，從德國到韓國，2015 年再從臺灣至法國，每一項的國際賽事，品軒都是不假他人，不讓鬚眉，爭金奪銀。尤其是 2013 年在韓國首爾舉辦的「美容美髮設計世界競賽」，在女子時尚剪吹組、晚宴梳髮組打敗了數十個國度的參賽者，在一百多個作品中，奪下了雙料冠軍，贏得了雙面金牌。品軒淚灑他鄉，揮舞著自己國家的國旗，高聲吶喊：「Thank you, I come from Taiwan!」

世界看到了，臺灣聽到了，這就是愛臺灣！

品軒畢業於樹德科技大學流行設計系，再取得了應用設計的碩士學位，設計著作品，設計著自己的方向，設計著學生們的未來。

品軒除了自己創立了「品軒整體造型美學」以外，並於和春技術學院流行時尚造型設計系擔任專技助理教授並兼任系主任，為臺灣的造型美學訓練具有戰鬥力的生力軍，以國際視野的探索，找出創意神經元的連鎖效應，創造出更經典之作品。讓每一次戰役，都能攻下完美的勝利。

風是空氣的流動，
雨是水氣的移動，
夢是思緒的震動，
成就是精準與堅持的行動。

挫折不是報應就是考驗，
更是成就必經的歷練，
順境不是福分就是恩典，
更是稍縱即逝的機會。

逆風而飛，順勢而為，
隨時為下一場的精彩而準備。

品軒並不以現況自滿，依舊不斷更新升級自己創作的思維，並在國度穿越的時空中，翻找靈性的元素。

就在侃侃而談自己的顯赫戰功，優越臺灣創造的榮耀之刻，父親柔和的聆聽著，臉上掛著自豪的笑，用最後微弱的心跳，給予了女兒最欣慰的讚賞，停止了呼吸，留下了滿足的驚嘆號！

在品軒的熱情邀請下，筆者也到了「和春技術學院」，演說了一場「藝術的戰鬥力」。

藝術是一種文化，一種思維，一種傳達；
藝術是一種哲學，一種人生觀，一種創造力；
藝術可以是有價的商品，可以是無價的傳奇。

但如何將藝術展現生命力，產生感動力，產生震撼人心、寰宇共鳴的影響力，卻更是從事藝術相關工作者的關鍵功夫。

融合音樂、繪畫、香水三大藝術元素，打造五感六覺的超越，創作讓人眼睛為之一亮、更讓人終生難忘的作品，就必須「創作前感動自己，完成後感動世界」，孕育真正具有靈魂的不朽。

時尚是一種「數大便是美」的短暫現象。

時尚就是「流行」，流行必然成為過往。
流行是一種「週期」，是一種古典與現代的輪流翻轉。

貼近當下的覺知，便是嗅吸此刻眾生的「期望」。
期望是一種「創造」，創造是元素拼湊的「組裝」。
組裝沒有「生命」，必須灌溉「愛的力量」，才有靈魂的影像。
你是藝術，藝術就是你。
當「靈性共振」了作品，這就是跌破眼鏡的震盪。

時尚是一種帶動，是一種領導，
當你活躍的細胞也進入了作品的感官，
你就是領導，你就是「帶動潮流的時尚」。

而這般藝術的戰鬥力，就是品軒不斷給自己砥礪的方向，不斷挑戰磨練自己。成長不怕換衣，蚯蚓不怕土硬，順應環境，改變，前進！
於是，登高、闔眼、喘息、調息、換氣。

登高，是為了眺望更遠處；
闔眼，卻是醞釀潛能爆發時，掀開的簾幕；
喘息，是為了思索下一步；
調息，是為了前進更遠處；
換氣，是為了翻上另一個高八度。

故曰：
時尚尖端哪裡找，翻山越嶺路迢迢，
品軒領軍揮大旗，臺灣金牌齊閃耀。

智慧之美 —— 林儷

林風輕振一雪松，儷智古今躍蒼穹；
心若游絲藝泉湧，信手拈來劃虛空。

2004 年至今已過了 12 個寒暑，當時筆者身兼兩大集團的總顧問與執行顧問。這樣的角色扮演不是從無到有，開創新局，就是打掉重來，翻轉改革。此際的招兵買馬，廣納人才絕對都是重點任務。就在此時，將一位傳奇的人才引進了團隊。

林儷經歷了家道的起落，感受了繁華與落寞，體驗了百般的呵護與風霜，交錯了無惱與煩憂，穿越了人生種種的變故，一夕黑髮已蒼蒼，轉身再起智發光。在一次陪弟弟玩耍的過程中，剪刀不偏不倚射進左眼，血流如注，嚇壞了外婆，輾轉帶到臺大，但群醫束手無策。外婆到了行天宮，灑淚跪拜，從廟外至廟內，懊悔，祈求。

回到醫院，林儷卻告訴外婆，剛剛有一個臉紅紅的，鬍子很長的爺爺來摸了一下我的眼睛。眼睛好了，這個故事上了新聞眼，卻沒有讓大眾知悉，奇蹟來自關聖帝君而非名醫。

錄影帶店、洗衣店、餐飲店，各種買賣，都是父親、母親多元奮鬥的經營，當時可愛清麗的小女生勢必穿梭其中，引人注目。卻也在父母極致的保護中單純長大。父親政商之影響力不在話下，人品之令人欽佩耳熟能詳，至今依舊是地方大老皆所敬重之輩。也因清廉才有口碑，筆者也深感難得。在這樣的教育中，林儷雕琢著脫俗的典雅，也塑造出親和而遠香之風骨。

　　學習了美容，兼併了歐、美、日的各家之長，加上讀前世書的記憶潛藏，東方的經絡靈性，灌注了西方藝術之元素，林儷躍然成為了美容技藝的一代大師，開創了市場中絕無僅有的獨門技術，不談療效卻看結果便明瞭，奧妙處處。

　　從虹膜的身心靈判斷，體驗者無不震撼。從芳療、食療的並進，穿透了學習者的潛能。日式太鼓SPA的延伸，震盪著傳承與被傳承的感激。這樣的智慧之美，堪稱一絕。

　　林儷走遍大江南北，演講、教育、傳承，大陸所有省份除了西藏、雲南沒去過，處處皆有其足跡及桃李，連東協諸國、內蒙古都傳承著她的技藝。在總統府接受連戰副總統頒獎的那一刻，榮獲美容名師楷模的林儷，心中只有感激，感激父母的培育。

　　林儷的傑出，眾所皆知。林儷的孝順，筆者見證。人生總有波濤，在所有需要的過程中，一肩扛起，沒有怨言，只有感激。疲累身體幾乎已經不屬於自己，忙碌到已經不知今夕是何夕，甚至忘了呼吸。她卻依舊沒忘記，父親最希望自己能夠擁有的，是萬般皆下品唯有讀書高的學歷。因此她依舊希望能夠努力學習，拿下文憑呈雙膝。

　　但，在筆者的團隊中服務，確實不是輕鬆的差事，哪來閒暇之餘，這個部分恐怕是暫時無法圓滿的結局。然而，筆者認為在臺灣現在的時局，學歷應該是學習的經歷，而奮鬥重要的更是能力，不是學歷。林儷跟隨左右打江山，承受獅子座O型的筆者領導之點滴，十餘年來的翻騰，豈是常人所能理解的艱辛。處女座A型的細緻，鉅細靡遺，舉一反三，分憂解勞了筆者的心力。

　　她是集團的教育總監,是技術研發的先驅,是我討論方向的根據,是團隊前進的安全氣囊,是我腦袋放空時的另一個自己。這樣的能力,我必須報告林儷的父母親,您們的女兒非常了不起,在我眼中,她的學歷早已超越 PHD,博士已不能與她同日而語。感激這一切的發生,感恩妳的參與,謝謝林儷!

　　故曰:
　　莊陽生技言武門,林儷精神可歌泣。

水瓶公主 —— 林殷羽

叢林公主命殷富，鍛羽練就奇功夫；
天秤左右共攜手，衝出水瓶耀千古。

　　殷羽出生在三重的富商宅第，從小衣食無虞，堪稱「叢林小公主」。18 歲起在父親的公司擔任會計，一晃眼就是 18 年。然而，這兩個 18 年結束了小公主的宮廷般的生活。或許正是巧合 2 月 18 出生的她，歷練了人生兩個階段的 18。在 37 歲的這年，打開了人生的瓶蓋，努力衝出 A 型水瓶座窄小之瓶頸，用人生第三個 18 年見證生命的奇蹟。

　　父親的生意失敗了，夫婿鐘錶代理業務也不如意，在種種家族紛擾的交錯中，殷羽決定逼迫自己成長，一切從頭開始，離開了這生活多年的家。這一天……身上只有 1000 元，而且……是個陰雨天！恰如其名的「殷羽天」！正似天意的安排，巧讓心靈暫且沉靜洗滌，為前進下一段生命旅程做準備。

　　感謝媽媽的幫忙與疼惜，讓踏出豪門進入叢林的殷羽不至於茫然失措，在嶄新人生的開端，正式進入美容產業，考了丙、乙級，在一連串海綿式的學習中練就了各種美容相關技能，當上了勞委會職訓北區講師、南崁社區大學講師、臺中市指甲彩繪美容職業工會顧問理事、中華民國美容美髮諮詢協會理事、勞工大學新莊區職場美學專任講師。
　　從 24 節氣、五行、生命靈數、塔羅、七輪、阿育吠陀等各種學理，結合了芳療、食療與傳統的民俗療法，自行練就了一套預防醫學的

養生法門，讓這一刻的美容成為了只是健康之後的附加價值。

殷羽畢業於萬能科技技術學院化妝品應用系，深知學習是為了累積能量，複製明師之指點更是減少冤枉路的捷徑。在美容事業的奮鬥過程中，貴人總在最適當的時間點出現，這一切盡讓陰雨轉晴天，無限感恩。

恩師吳老師的一句「從家做起」，讓殷羽幸運到今天。臺灣的離婚率超過 50%，美容業的從業人員的離婚率更是居高不下。業界有此一說，美容是桃花財，因此桃花的盛開也造成了各種感情生活的複雜化，婚姻的持續度變得不易。從家做起 讓殷羽以家庭為核心、以事業為後盾，因為她知道再怎麼有成就、再如何的富有，比不上一個幸福安然的窩。

殷羽有一個疼愛他的先生，天秤座的丈夫就是她事業與家庭平衡的關鍵，讓殷羽水瓶中的水即使沸騰，也不至於飛濺四溢，羨煞旁人。

而今，夫妻共同經營已有相當的默契與規模，女兒也在店裡一起奮鬥。開了三家店，更是為了能夠複製團隊，讓有緣人、有心人也可以擁有身心家業同步發展的機會。

殷羽已經有十年的展店經驗，領導統御卻是另一門學問，於是開始鑽研這不曾深入的功夫。殷羽對夥伴看優點不看缺點，並且以感動、感恩的心，技術傳承。因為她知道，一項技能就能夠改變一個人的一生，何況是一套完整的全配技能。殷羽堅持不斷壯大自己，幫助需要幫助的人，如同一路走來都有貴人相助一樣，渴望下一代

的美容師不要如此身心艱困。

在禪修內觀的感動中，殷羽找到了自己的使命，那就是幫助有緣家庭的和諧與健康，技術傳承、遠離藥物。在精油中，玫瑰與檀香是殷羽的最愛，這是來自天生貴族般的氣息與靈性。在塗抹、薰香與嗅吸的過程中，更讓她的生命充滿了更精準的判斷力，同步凝聚對團隊更大的影響力。也讓她人生的第三個 18 年，創造出了自我展現的精彩與燦爛。

故曰：
陰雨身後舞艷陽，一道彩虹展希望；
遠離藥物是夢想，技術傳承更發光。

圓夢天使 —— 張梓璿

張燈結綵慶豐收，梓造天圓盡璿璣。

　　梓為落葉喬木，成大器之材；璿為玉石，堪做玉器之寶石。因此，梓璿從小期許自己一定要竭盡全力，發揮潛能成為可造之才。甚至為了感謝父母養育之恩，更必須取之於社會，用之於社會。然而，年幼的梓璿體弱多病，常肺炎發燒，還得做脊髓比對。在父母勞碌奔忙中，撿回了一命，實乃風雨摧殘之材。

　　父親為獨子，在傳統的框架中，傳宗接代，儼然成為了基本任務。於是為身為長女的梓璿，再添四妹一弟。父親當時身兼數職，種田、賣水果，也在名聞遐邇的泰山企業擔任行政，卻又因為賣水果被舉發到公司，遭公司調職。父親卻甘之如飴，沒有任何怨尤，樂天知命。這是父親懂得自我釋懷減壓之人生哲學，於是創造了奇蹟，年過七旬尚無一絲白髮，堪稱神話。

　　父親文筆佳，母親很顧家，是左右稱羨，家家傳頌的一對佳偶，但其辛苦心酸只有自己知道。付出的媽媽，包容的爸爸，建構著一個溫暖的家庭，讓六個孩子都能平安長大。璿的幼年曾在飼料場成長，這是令人驚嘆的一段，因為餓了多次因飢餓取飼料食之，這似乎與多病之軀，產生了關聯，但父親卻笑著說如此反而提升了免疫力。

　　終於熬到可以念高中的年紀，於是選擇了半工半讀，完成高職學業，因喜歡美的事物，投身美容界，因為體諒父母長期辛勞，經濟

在此刻對她、對全家都很重要。在高絲做了一年多，再轉戰資生堂，這一待就是 8 年。

梓璿的工作穩定性，與她的愛情故事一樣單純、堅定，嫁給了初戀男友，就是今生唯一的愛人張維琛先生。或許就是戀父情節使然，她嫁給了同時做四份工作的男人。這男人最讓她欣賞的一點，不是工作狂，而是不運用家裡資源的獨立與堅強。雖然，但這也是導致其夫過勞、過度緊繃情緒引發甲狀腺癌的原因之一。

梓璿說：

我不怕辛苦，只怕心苦，在夫妻兩人志同道合，其利斷金的歷程中，辛苦是家常便飯，但看到愛人因積勞成疾，倍受折磨，這樣的心苦，如割寸心。丈夫甲狀腺、副甲狀腺全切，長期的化療，難忍心疼。雖說面對，卻也不免惶恐：因為我知道，我根本沒有單獨活下去的勇氣。

我感謝老天的憐憫，讓我們還能繼續保有現有的幸福，這一切我都會珍惜！恐懼，並不會改變現況；恐懼，反而是未發生的預言版。恐懼，必然是阻擋。勇敢，不害怕，奮力前進自己想要的方向，只想你要的結果，與達成的方法，思緒別再被負能量充滿你會發現，宇宙十方總有正面力量會幫忙，這就是「正能量」。

回顧創業奮鬥的歷程，開過 24H 眾所皆知的「茶車站泡沫紅茶」連鎖店，創辦「BB 美容沙龍」，成立「尊重國際有限公司」。潛修文化大學美容學分班，考取美容乙級證照。也參與當時紅極一時的克緹，僅有 21 坪大的兩層樓，眾冠雲集，隨時滿滿的人，用最短的時間，一年八個月達成了最高的聘階，贏得了「東方特快車」

的封號，傳唱多年。

　　因為在年幼陪父母賣水果時，早已練就可以應對很多客人的能力，此乃上蒼慈悲賜給我的一種苦其心志，勞其筋骨之磨練，才有如今掌控大局的機會。而這段歷史儼然已成為臺灣美容市場的傳奇。

　　亦結合志同道合的三對夫妻，於 2008 年 8 月 5 日成立了「艾瑪國際事業」，用心看待每一個因緣而來的客戶，將每一位客戶都視為寶貝，以獨特的商品與技術創造寶貝們的生活圓滿以及健康美麗。

　　艾瑪始終了解美容趨勢，然而宣揚我們創新的理念，不再因人事上的紛亂而增加困擾，全面輔導店家為經銷制與加盟制的專門店，專注於全面性的專業技術及服務的教育傳承。

　　翻閱著 20 年來累積的成果照片，梓璿露出了一份濃郁成就的喜悅，眼中更閃耀出燦爛的光芒。
　　莫為一將功成萬骨枯之事，
　　且做一人得道，雞犬升天之行。
　　集寰宇之氣，用之；
　　納天下之才，育之。

　　三更半夜電話響了，客人求救，要求協助臉上棘手的美觀問題，梓璿二話不說，熱情前往。這是展現一種天下父母心及菩薩的心腸。這就是團隊為何可以壯大，根基為何可以扎實的關鍵。為人所不願為，拯救美麗大作戰，親自督軍上戰場，就是梓璿的成功祕訣。

梓瑨說：

艾瑪的理念很簡單卻很實際，都是責任、義務、合法、結合大自然的法則。我們用心照顧客戶的臉，因為客戶總是受傷害，求助無門時才會來找我們。因此我們不能再給她虛無飄渺的假象，而是肯定的希望。

我希望美容師們能快樂的工作，不再有各種客訴的壓力。美容師們更希望不用招攬，就會有客人上門。客人變美了，客人自信了，美容師也快樂了，這就是相輔相成的完美結果。而我只是不斷讓這一切的美好發生，不斷延伸，廣為流傳。

如今，臺灣已有一百多家艾瑪系統的經營系統，並且在大陸、日本、馬來西亞、印尼也不斷擴張，這都是事實勝於雄辯的影響力，浩瀚無邊。

勤學苦練好技藝
飄揚過海展功夫
足智多謀借東風
馬肥兵壯已成局
一聲令下千軍動
萬丈高樓平地起
立足京城定中原
I know！
I belive！
You can！
Just do it！

2015 年，梓瑨接任臺灣 C1 區的「仁美獅子會」會長，這個年資

悠久的女獅會，盡是勇猛慈善獨立而堅強的女性，梓璿以身為其一員為榮，而今擔任第 29 屆會長之際，梓璿也不改傳統，落實社會服務。

而這些社會服務都不是應付了事的欺世盜名，而是真實貼近需要幫助者的刀口。因此除了事業理念的堅持，梓璿將這一年的時間全然奉獻給了獅子會。時至今日，梓璿與維琛有了三個優秀的子女，夫妻倆忙碌之餘喜歡四處旅行，其實並不是真的對外面的世界好奇，而是能夠攜手共度快樂的時光，去哪都好，人生有如此真愛共度，盡是美麗。

梓璿說：

我喜歡做公益，先是為了我自己而不是別人，因為在付出中我快樂。我喜歡創造美麗的事業，為的首先也是我自己，因為我喜歡享受這樣的成就感。我相信愛自己的人，才有辦法愛別人，所以我自愛。我相信堅守承諾的人生，天地才會呵護，所以我誠然。我相信親親而仁民，仁民而愛物，因此我不會本末倒置。

我逐步完成了自己的夢想，我也願意協助所有有緣人，完成他們的夢想，因為我就是「圓夢天使」。愛，就是在人的身上看到我自身的責任，每天的感動更是被人需要的感覺，美容技術是來自雙手的珍貴，勾勒出美麗臉龐渾然天成的輪廓，這已是使命。

梓璿是崇右時尚造型設計系修藝術學學士，現任臺中市旅遊協會監事、臺中市婚禮設計服務人員職業工會常務監事、艾瑪國際貿易有限公司董事、仁美獅子會會長。

事業與志業的平衡是梓璿人生努力的方向，在社會服務的奉獻

中，最令梓瑢與夫婿掛心卻也最窩心的便是張家三姐妹。當臺灣急凍下雪之際，夫君說該帶孩子去買防寒衣物了，說的竟然是張家三姐妹。2016 猴年大年初一的行程，也把她們列為重點。猛然驚覺，原來早已將三姐妹當成自己的另外三個孩子了。

梓瑢對自我的看待是自在的，看著雲，想著雲的上面是太陽；望著雨，想著雨的下面是希望；摸著雪，想著雪的結晶如此透亮，如同生命，每個都不一樣。她所希望的不只是自己願望的達成，更是協助有緣人夢想之成真。這條路很艱辛又遙遠，卻很快樂。

月有陰晴圓缺，人有旦夕禍福，生命中總有不是那麼滿意自己的時候。事業是如此，家庭是如此，情感是如此，健康與美麗皆是如此，但皆視為自然環境中成長過程，一切也在感恩中成長，感念一切都有貴人相助。

梓瑢說：

美麗的事業中，每當我看到了一張張頹喪的臉，一雙雙無助的眼神，我總是不忍的想要伸出雙臂，用愛撫慰她們的心靈。但我知道，女人愛美的心是無罪的、高尚的，但常因不懂與不了解，讓自己的自信心蕩然無存。而我能夠還她一張無瑕的雙頰，給她一龐燦爛的 FACE，自信瞬然回流。

原來，女人的美，不只是為了男人與他人眼光，而是可以從心愛的家人與朋友們期盼眼神中肯定自己。男人渴望眼的神就是最佳的讚美，亦是襯托女人心靈踏實的點綴。我懂女人只要美麗，自然魅力，就能讓讓她 ALL DAY 和 EVERY DAY 快樂。只要讓女人快樂，她什麼都可以做的更好。當眾人讚嘆她的美，她便撐起全世界。我是如此！艾瑪每位為自己為家人的美容老師亦是如此！她們愛自

己,愛家人,更讓所有家人皆以己為榮!

在女人的世界裡,好多人都這麼說:「最怕的事就是怕老又怕醜!」

在艾瑪的美麗字典裡卻是:「天底下沒有醜女人,只有懶女人!」

氣候多變,間接影響了所有人的膚質,於是梓璿在十多年前,就提出了最適合個人膚質的客制化服務時代來臨!

在服務過程及教學中,一再提醒親愛的朋友及美容老師們養成客制化隨著氣候膚質適時地微調保養品及課程,讓自己永遠處於最佳狀況,而美容老師們更可以將客戶掌握在最佳狀態,如同天天跟自己的愛人談戀愛般,呵護每一吋肌膚!

梓璿了解,在競爭激烈的美容市場中、就是要用心講、用心看、用心聽、用心做、用心悟,「悟到無語微妙法」,是故本來喜悅心,這就是所謂的赤子之心。專業與用心貼心才能永保這般成績!

每個女人最最在意的當然是自己的美。於是,艾瑪國際就是為了解決女人心中的恐懼而創建,為永續保固女人的美而努力。

艾瑪的「夾子技術」,去蕪存菁勤練多年的當下,還原了無數女人臉龐上應有的清澈,而這一眼望去的純淨,方能讓她再度找到自在的本心與相信。這一夾,如同哈利波特的魔法棒,瞬間解除了纏擾已久的邪咒,找回了女人的美,不只是光采,還有靈魂。

艾瑪的研發部門,刺激了肌膚盛開的本能,煥然一新的再造,超越了醫學儀器的冰冷。艾瑪是因愛而命名,三個體之誠信結合乃企業的開始,也意味著一個良好信譽的起頭。有了信譽,自然就有了

寬廣道路，這是本就必須具備的商業道德。就像做人一樣，忠誠而有義氣，對於自己說出的每一句話，做出的個人承諾，一定要牢牢記在心裡，並且一要能做到。

艾瑪以了解皮膚生理學、問題皮膚，與醫學理論做結合而產生了優勢美容技術，更是仁心之術。每個美容艾瑪更是個個皆有一身勤練的技術與功夫。這技術與藝術的結合，緣起於不求快速於廣告的一步一腳印。踏出了艾瑪國際美容在臺灣、大陸內地各省、馬來西亞皆有了美麗的足跡！

而這三術：藝術、技術、心術，正是艾瑪對於系統夥伴永遠堅持的傳承之術。

故曰：
圓夢天使躍國際，成就有緣遍土地。

遇見瑪雅靈性之美 —— 張逸美

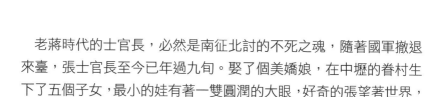

張眼眺望睫飄逸，群甲飛舞盡是美。

老蔣時代的士官長，必然是南征北討的不死之魂，隨著國軍撤退來臺，張士官長至今已年過九旬。娶了個美嬌娘，在中壢的眷村生下了五個子女，最小的娃有著一雙圓潤的大眼，好奇的張望著世界，身形逸然，十足的秀麗之美，命名為「張逸美」。

女娃給自己取了個英文名「May」，音同美。阿美一路就讀自立國小、自立國中、新興高中、中華大學工業工程管理。似乎從小註定該懂得自立，展新復興中華，這麼國共爭霸的鋪陳，卻沒有壓倒阿美在美學的宿命。於是大二就開始學習美容，將工程管理的方向轉移為人生的美麗工程，年紀輕輕就在美容直銷市場取得了人生第一桶金。

大學畢業後，在新竹一家店的門口擺攤，攤租四個月從一萬、一萬五、一萬八漲到兩萬，真是笑話一樁。何必寄人籬下，於是開始自己開店。這一天是 2003 年的母親節，第一個客人就是媽媽，第一項服務就是為媽媽磨掉腳底的硬皮。媽媽感動的淚「依」舊忍不住，揮灑在美麗的「蝶」衣，阿美的第一間店——「依蝶」就在這樣令人動容的情境中開幕了。然而，如此淚如雨下的祝福，不但跨越了禁忌，更是遇水則發的綿延，至今邁入第 13 個年頭，這就是孝女感動天地的真實寫照。

2012 年，阿美另外租下了獨棟六樓的電梯店面，斥資 300 萬的

裝潢，開始了第二次大規模的延展，一份不知是否天意的靈感，第二間店命名「瑪雅」，誰知這一年正是古文明瑪雅預言的世界末日，結果世界就在這裡重生了。

瑪雅的規模超越了依蝶，美睫、美甲師維持在十幾位，優雅的環境、先進的配備、完整的教育訓練、應有盡有的商品供應、細節一致性的服務團隊，讓這兩家店相互輝映，人潮絡繹不絕，口碑名聞遐邇。此刻的瑪雅系統，儼然已成為了新竹地區的一方之霸。

專業完整的培育環境，不藏私的傳承，讓廣大想要學習美睫、美甲的女性蜂擁而至，然而開枝散葉也是必然。阿美從不怕夥伴的離異、自立門戶，反而給予支援與祝福，這正是領導人大格局的展現。這些年來，至少已經有三、四十家的美睫、美甲店是在瑪雅系統從零開始。

阿美在美學上的天賦幾乎是無師自通，在幾個月短暫的學習後，就開始展現了自己獨門的技巧，這是來自處女座爭一口氣的勇敢與堅強，非得超越不可，非得完美不可。

喜歡旅遊的阿美，也在飛越各地的過程中嗅吸了國際氣息，展開了國際視野，於是四處教學。包含英語系的國家，菲律賓、泰國、新加坡、美國紐約，都是英語教學。在一次青輔會邀請的全球優秀婦女高峰會，在土耳其與各國的大人物齊聚一堂，與土耳其第一夫人閒話家常，阿美突然驚覺，其實自己已經為「新興中華」出上了一點力量。

在一次關島潛水的經驗中，魟魚穿越身旁，速度之快猶如飛翔，阿美頓悟了生命的意義，更看到了靈性的奮鬥之美。

阿美說：

我很樂觀，因為我忘了悲傷。我的腦容量小，記不住太多的煩惱。

我希望每一個在瑪雅系統學習成長的夥伴，能夠找到她們自己人生的價值與方向，找到自己幸福的天空。

我更希望每一個女性朋友，從踏入瑪雅的那一刻起，都能歡喜迎接她們值得的璀璨，出門不再有遺憾。

我沒有野心，不期待創造豐功偉業，卻期望不斷複製的瑪雅尖兵，都能傳承身心靈完美的創造力，於是我願意開放「技術加盟」，加盟「愛的傳播」，加盟「靈性的覺知」。

讓瑪雅 MAYA 的靈性元年 2012，永無止盡的一天。

我愛瑪雅，我愛臺灣，我是張逸美，MAY 。

故曰：

瑪雅靈性天上來，開枝散葉美人間。

靈性的霓裳 —— 張詩華

張眼透析世間事，詩詞歌賦滿腹情；
華麗點妝鳳凰心，裙擺搖搖舞歡慶。

20 世紀是一個藝術人文與科技文明交疊盤繞的世紀，在某一個 10 月 5 日的夜晚，10 月是詩，5 日是華然之舞，天空閃過一道光芒拋向臺北盆地。B 型的詩華開始了他精彩開朗閃耀如詩畫的人生。

「腹有詩書氣自華」，是國文老師讚嘆其名字的形容。

小時候，父親開旅行社，母親開餐廳，養大了三姐弟。詩華在旅行社的視野中培養了世界觀，也在餐廳的互動中建構了自己的口才與表達能力，練就了神一般的舌燦蓮花。

在加拿大溫哥華五年的光景，專研飯店管理，熟捻著觀光與服務藝術的脈動，也算傳承了父母親產業的精神。

這段日子對詩華的影響很大，天然無染的風光，確實不同於滿滿高樓的緊繃。出門所見不再只是人車的交錯，也不再是昏庸的霧霾，更不再是忙碌中無法遮掩的憂鬱目光。替代眼簾之所見，盡是遼闊、自由、滿足與些許的慵懶。

水分子在這個國度，即使平凡無奇，卻也顯得可愛。
當可以是溪流時，盡量清澈；
當必須是雪花時，必然晶瑩。

在這般 104.45 度角巧妙的安排中，慢慢堆積為六角型的絕美結晶，原來每一個雪片之所以長相不一樣，是因為他們的心情與想法都不一樣，而這裡的雪花果然快樂許多。

難怪，詩華在雪堆上穿梭、滑行，宛若飛翔。

回到臺灣來，一切也得調整腳步，調整心態，不變的是歷練的魂魄。詩華並沒有深耕於所學，卻將大部分的精神一股腦投進了電視購物圈子，開始活躍於伸展臺與螢光幕前，一展長才。

電視購物，您應該也不陌生，甚至您本身就是經常陶醉於其中的一員。但想要在這樣節奏感中獲得青睞，除了滔滔不絕的誘惑力外，更是對每一件商品靈魂深入的基本功。

於是，從體內到體外，從頭到腳，擦的、塗的、抹的、泡的、薰的、吸的、按的、吃的、戴的、穿的、聽的、看的，一應俱全。這一切想要說到觀眾的心坎裡，可不是隨便呼攏就可以過去，無一不是深下苦工。

也因如此，一件一件，一檔一檔，詩華從賣膏藥般的推薦者，逐步演變為健康美麗相關商品的專家，然後讓自己進階變成了專業的美容師、芳療師、保健師。

因緣際會接觸了精油，於是深深愛上了這說不出的迷戀，因為這是透過螢幕無法嗅吸的感動。

在眾多精油中，詩華最鍾情的三味就是玫瑰、天竺葵、檀香，這

是貴族般的選擇，卻是行家的首選。

玫瑰的高雅貴氣，古今中外的女性，誰不心動？
天竺葵親民的典範，卻更是普及於女性內外在調理的大愛。
檀香之珍稀，已然充斥香精魚目混珠於市場，只因其救命般的本能與沉穩氣息的香濃。

然而，光是物質的傳遞，詩華清楚明白缺了什麼，於是也學習心理學、潛意識、塔羅。如此交疊於靈性與身心當中，對她來說，才是完整，此刻的她已然具備了無人能及的穿透力。

「天秤座」是一個分析力卓然的星宿組合，在學習中平衡，在互動中槓桿，震盪著內在外在均衡之愛的極大值。天秤的一端在心中，另一端在天際，永遠調整靈性的砝碼，造就對稱美麗的畫面。天生的好人緣，出將入相，所到之處盡是貴人相伴。

在國內外都受過舞蹈專業訓練的詩華，舉手投足皆是自然的美感，彷彿隨時鎂光燈都在身旁，這樣的特質，也讓她在代言任何活動與商品時，十足的令人放心與讚嘆。

人生總有起落，她的起落卻在身上，在那油與水的自然分佈狀態。曾經胖到 85 公斤卻在數月間降為 50，並且維持至今，這樣的說服力是不言而喻的美麗見證。除了飲食的調理外，更是其有氧舞蹈燃燒的能量。

而今，詩華專注著自己的事業，在臺北市的東區開立了等同沒招牌的服飾店、美容室、芳香療癒館。因為詩華就是眾所皆知的招牌，

大家稱她「Teresa」。

她希望提供有緣人，擁護者全方位的美麗感受，當然服裝是其主軸。更希望將如此內外兼具的美感哲學，推廣到世界各地。

中華國際選美發展交流協會的理事長林莉莉，也特別指定詩華為佳麗們量身打造所有具備靈性的服裝。在 2015 年的賽事中，筆者也有幸親臨現場，為之驚嘆。

詩華說：
很多人自己都不知道自己美在什麼地方，空有金錢卻讓自己靈魂空蕩，看似尊貴卻恐懼不安。
同步身為模特兒經紀人的我，總能一眼望穿其實際的需求，知道其關鍵的缺憾，引導自信散發，療癒其靈性，填補其不為人知的空虛角落。

我不是創造她們的美，而是重建他們的美，因為她們本來就美，只是不知道自己獨特的美究竟躲藏在什麼地方。
我獨具慧眼，一眼望穿，無所遁形。
於是我的客人都不是客人了，都是知心好友。

這樣的成就感是一種優越，是一種快樂，勝過金錢灑滿房。在我的空間總是人滿而無患，因為這是最美好的磁場，不只是別處找不著的天衣霓裳。

美為行之鑿，麗為心之顯，
身心靈之純淨，方為美麗之源。

地崩而無潤，土鬆而無根，風化之襲，光照之殘，必老。

我，張詩華終生的職志就是要打造這般，不老而永恆的美麗。

故曰：
天衣霓裳隨風溫，彷若雲孃齊下凡，
如詩如華映雙瞳，身心悅然自信展。

穿越古今的巧手 ── 陳紫妤 Savanna

陳年窖藏玉瓊漿，紫衣婕妤惠賜釀；
微薰揮毫時空換，唐宋元明妙飛翔。

「Savanna」這名字來自西班牙，意為沒有樹木的平原，視野遼闊，愉悅而隨和，不受時空限制的魅力一望無際，這是紫妤的深層思維，故以此命名之。韻無窮而後味濃 Savanna，也預言著她的人生將隨著歲月的流竄而越發精彩。

帶點神祕的 O 型魔羯座，擋不住往上攀爬的山羊特質。在就讀專科化工時即知天命必須從事有關美的工作，從車衣服開始，服裝、打版、造型。然而在美容上，當時卻未入門。

專二到媽媽朋友附設於髮廊的美容工作室學習，有空就過去練習與幫忙，從一個月 500 元開始，半年後變成 7000 元，寒暑假 10000 元，就這樣在專科時期打下了美容美體紮實的根基。

畢業後，到臺北醫學院附近的一個美容沙龍待了 4 個月，驚覺自己的興趣是在彩妝。於是到了當紅的中視新娘，幸運地可以上班，擔任造型部的造型助理，卻苦無機會上場，於是 10 天就離開了，到了夢工廠正式磨練彩妝。站上了專櫃，卻在老師的安排下認識了古妝界的翹楚──喻名龍，從此踏入演藝圈幕後彩妝的不歸路，因為這條路讓 Savanna 翻騰出了興緻，回首已是 18 年。

這 18 年所有的妝都接觸，古妝、時妝、特殊妝、歌仔戲野臺妝，

妝妝精彩，卻是最辛苦也最務實的磨練。三天不睡覺，家常便飯。

在一次拍攝《濟公活佛》的外景時，名伶許秀年因覺投緣，納 Savanna 為乾女兒，百般疼惜，這是幸運的美好再添一樁。歌仔戲因此成了 Savanna 特別有感情的戲曲，以國萃舞臺化妝大師之姿，讓歌仔戲的亮麗餘音繞樑，來自美麗身影的巧妙雙手，幻化女伶小生身段轉換的瞬間，撥弄扣人心弦的美麗傳奇。

雖是演藝圈，Savanna 卻不改其特質，不愛社交活動的複雜，只愛悠遊於藝術創作的天地，也學插花、綠化、會場佈置。在這樣的自我世界裡，馬惠珍、許慧慧是圈內少有的至交，情同姐妹。

沒有特殊的宗教信仰，卻在心靈課程中探索尋找自我，也蛻變了自己。在溫哥華遊學了一年，讓自己在彩妝上多了國際的視野。在好萊塢電影沉默的製作中，Savanna 有幸也參與其中，卻也千頭萬緒橫交錯。

人生總有起落，在不為人知的煎熬中，Savanna 選擇了沉默。
沉默不是我不懂，沉默只是我累了；
沉默不是我太弱，沉默只是我痛了。

這時候，Savanna 找到了人生的目標，就是踏上國際舞臺，讓自己也能成為國際造型大師，為臺灣爭光，為自己閃耀。也開了美容美體造型工作室，以傳承古典藝術妝容為職志，不讓國粹再斷層。

此刻，Savanna 感恩著！感恩一路的阻礙與挫折，感恩一路令人啼笑皆非的圈禁，感恩著遭受背叛卻也必須承受謬論的茫然。

Savanna 徜徉著淚水,深吸了一口氣:

我最感恩自己的勇敢,讓自己重生,讓自己迎向燦爛的自由,為藝術再燃國際絢麗的生命之火。

故曰:

一雙巧手竄古今,繽紛炫彩耀國際。

忘憂女王 —— 賀寶萱

狂賀天地一珍寶，萱草忘憂喜連天。

大多數的人聽過萱草，也吃過金針花，卻不知原來金針花即是萱草，更有忘憂之功效。望著山麓間的黃色花海，令人忘憂心花朵朵開。

三個姐姐，身為老么，當然恃寵而驕，卻也沒讓自己亂了分寸。出生三個月，父親就意外身亡了，母親辛苦將姐妹們養大，在女人國長大的萱卻有著男兒漢的果敢，或許也是因為她來自勇猛湘軍的湖南。

天生對藝術與數字敏感，對文字無感，尚未入言武門之前，見字即暈，見數即狂，連作夢都可以算數學。小學五年級就開始當家教，教小學其他年級的數學，這樣的經歷，堪稱一絕。

長大後，學了八字、生命靈數、精油，穿梭於數字中，快樂無比，更也因此解決了很多客人的心理問題，撥開了生命的迷霧。

勇猛的「5號人」，讓萱跑遍大江南北，無所畏懼。造型設計幾乎是天生的本能，學會了美髮、美容、美體後，更讓自己專注於美甲與眉毛。開運染眉的技術，結合八字五行及生命靈數的運算，讓她的染眉技術獨樹一格，更讓「開運」這兩個字不再只是視覺與抽象的口號。

　　嫁到了臺灣，成為了雲林人，有著一個疼愛有加的先生，生了一個聰明活潑的兒子，人生多麼精彩。這樣的幸福鎖不住藝術奔騰的牡羊，更框不住才華洋溢的綻放。

　　不為農婦造莊稼，只為舞臺彩無瑕。

　　萱有著進入廚房的恐懼感，這已然成為生命中最大的創傷記憶，因此只喜歡品嚐簡單的蔬菜，不奢望山珍海味的佳釀。

　　清瘦秀麗是她的基本外在，38 公斤、38 歲是 2016 年的表象，因此美容美體是她不需多言的説服力。

　　拜師進入言武門後，每課必到，即使人在國外也不辭辛勞，放下手邊的工作，趕回臺灣認真學習，深怕漏了哪一段。

　　成就的高低是一時的，勿輕後學；
　　美麗的外在是短暫的，勿嘲醜陋；
　　財富的多寡是飄渺的，勿辱貧窮。

　　敬重才會今生俊俏，感恩才能持續富裕，
　　學習才有機會翻身，停滯，一切都會消失。

　　2016 年 1 月 11 日前夕，萱在網路上留言：

　　明天的文字班，我從深圳趕回來。
　　財富錯過再賺就有，學習錯過無法回頭。此行滿載而歸，明日空杯滿載。期待！　文／賀寶萱

是的，這就是學習的精神與遠見。萱在 38 歲前，將所有的積蓄都花在頸部以上，其實她說的就是「腦袋」。

38 歲，她決定將過去所學的一切，透過語言，透過文字，透過授課傳承，準備大放異彩。

因為賀寶萱說：
我不想當「女僕」，所以我「奮鬥」；
我想要當「女王」，所以我「戰鬥」；

我一定會成功，因為我值得。

九零後的光芒 —— 黃彥廷

黃袍加身不倉皇，德行彥然廷中冠。

　　這是本書最年輕的男主角，1993 年 11 月 6 日出生於高雄，有著天蠍的內斂，有著 O 型的熱情，更有著兩性交錯的優質集結。這是一個指日可待的輝煌，更是一個紮實細膩的燦爛。

　　彥廷還沒在大學畢業，就在莊陽集團的璞蓁系統中鍛鍊，在廖蓁蓁老師大而化之的領導與培育中脫穎而出，於是筆者將其納入「美麗傳奇」典藏，也將看到其來日光芒萬丈的必然。

　　國中時，父母離異，於是與外婆、媽媽同住。媽媽在食品加工業服務，於是大多的時間都是外婆陪伴左右。妹妹在軍中揮灑陽剛之氣，彥廷卻更愛柔美的藝術霓裳，算是另類的特質平衡。

　　幼稚園前就開始跟著外公、外婆在市場銷售自家產的鳳梨，累了就鑽入紙箱。紙箱輕薄，卻也睡得安然，因為廷知道，外公、外婆不會把他打包賣掉。

　　農曆新年前是最忙的日子，天還沒亮就要出門，大人忙著叫賣，小孩則在一旁幫鳳梨繫上紅色的緞帶花，不覺已天亮。

　　午餐後隨外公整理果園，趕著下午 4 點的黃昏市場到晚上。就這樣從天黑再忙到天黑，彥廷感恩著這段雖然辛苦卻又值得回憶的時光。在鳳梨園中感受生命的茂然，在市場裡體會人情冷暖的滄桑，

在緞帶中卻又看到了希望。

鳳梨的葉子如同仙人掌的堅硬，恰似外公、外婆呵護孩子的雙掌。討喜的音律，讓鳳梨代表著吉祥，凸顯了鳳凰而非離傷。削除了硬皮之後，令人垂涎的內餡，更是不斷發酵著對生命未來的期望，彥廷的成長果然就像鳳梨一般。

國三參加技藝班，接觸了美髮學程，喚起廷的濃郁興趣。

放學後，就到美髮院打工，從洗頭開始，不怕十指爛，也要客人享順暢。因為，廷知道這功夫的練就，遠比那微薄的收入重要。

高中，美髮的啟蒙老師主動引導廷參與校外比賽。在挫折中指導，在錯誤中鼓勵，窩心的愛更激起了無比的戰鬥力，這是廷沒齒難忘的恩師——孫中平。

編織三千煩惱絲，洗吹染燙，對彥廷而言早已得心應手，就像鳳梨的緞帶一般。動起髮剪卻有如舞刀弄劍的彆扭，深怕傷了客人的髮膚與耳朵。但是目標的明確總會克服沒有意義的心理障礙，有如修剪果園的花草，角度與張力的拿捏，很快就在廷的手中巧妙幻化。

證照是技職體系最重視的一環，於是廷讓自己早早取得活躍舞臺的門票。高一取得女子美髮丙級，高二女子美容丙級，高三女子美髮乙級，大一男子理髮丙級。讚嘆！

比賽是柔性的羅馬競技場，中華盃實用包頭冠軍、中華盃創意吹風亞軍、菁英盃新娘化妝季軍、菁英盃晚宴化妝殿軍，這是廷傲然

的成績。

分享知識是廷的使命，雕塑客人的髮型與自信是廷的責任。不論男女，在廷的巧手中總是那麼令人驚豔，因為廷從來沒把髮事當工作，而是一件件的藝術創作，更是撫慰身心靈的法事，讓每一根頭髮都快樂，讓每一張頭皮都雀躍。

在堅持的路上遇到困頓與挫折，那是自然，不然何謂堅持？
在困頓的過程，繼續存在；在挫折的阻礙，依舊前行，你必將看到美麗的成果。

情感豐富而柔軟的廷，卻又有著使命必達的堅強，是學弟妹們前進的目標，更是師長心中的驕傲。

在時代洪流中灌注新元素、新思維，誰也無法預料，如此這般的九零後，將掀起何等壯觀的浪濤。

故曰：
十年磨一劍，磨的是剪刀；再來個十年，劍氣登峰造。

臺灣茶樹 —— 黃家宜

黃土翻耕茶樹立，農家轉念展商機；
天時地利皆適宜，品牌生命紮根基。

臺灣不是咖啡的原產地，臺灣咖啡卻為之風靡。

澳大利亞才是茶樹的主來源，臺灣卻在醞釀臺灣茶樹的祕密基地。

透過朋友的推薦，黃家宜找上了筆者，希望能提供協助，發展臺灣茶樹精油的相關系列商品，短短的一小時，為之撼動。因為在芳香療法的世界裡，臺灣的精油原物料完全倚賴進口供給，甚至一般調配精油的化妝品廠，根本也不知道精油的好壞差在哪裡，缺乏判斷化學香精與天然精油的能力。

黃家宜的姨丈邱金都卻將一大片的茶園轉為茶樹種植的根據地，這是少有的創舉，其實這是百感交集的結局。少子化的狀態，傳統務農的茶園已經面臨人力不足的窘境，加上外來茶的衝擊，茶葉的利潤已經不易支撐下去。在媽媽、阿姨、姨丈經過長久的研究與評估下，決定改變這塊土地的生機，摸索、學習茶樹的種植。就在這好山好水凍頂烏龍茶的故鄉鹿谷，開始了茶樹的種植，至今已有五年的歷史。在親友的口耳相傳下，供不應求，然而這也只是親友知道而已，非常可惜。

臺灣茶樹不需農藥，不需特殊照料，一枝草一點露，完全符合臺灣人堅毅的精神。生產出來的茶樹精油，連學術單位研究分析測試

後，都異常讚嘆。這樣的環境所產生的茶樹精油，少了嗆辣，少了農藥，少了重金屬的殘留，卻多了臺灣獨有的溫情濃郁。

在第二次的會議中，我們決定攜手合作，為臺灣茶樹找到飛舞的天空，再造臺灣咖啡傳奇的雷同。

家宜是高頭大馬的男生，是個穩健開朗的 B 型摩羯座，是個不喜歡規律、喜歡自由、喜歡自我對話的文化創作者，包含寫歌、詩詞、潮流文化鏈的工業設計。父親一輩子都與機車打交道，弟弟接受傳承，他卻選擇穿越平交道，與自己選擇的軌道賽跑。大學就讀景觀設計，退伍後先當機場跑道工人（開山貓、打石、測量、打雜）磨練自己的心性，爾後就真正前進自己美麗的志趣——「設計」，從服飾印花的設計美工開始，進而成為了服飾品牌的專職設計師。

創立璞奕，承接各種設計案，也創立自己的品牌，為自己的人生添美麗，也為視覺找樂趣。

其實，設計的創作緣起於高中的藝術工藝老師，略帶江湖味的江衍壽老師不只啟蒙了家宜的藝術天地，更是將一群社會邊緣的年輕學子引導回良善的創作世界裡，這是家宜永遠感恩的師徒之誼。

從人性本善的茫然，進入到人性本惡的思維掙扎，家宜領悟了人生必須不斷修煉的真諦。

從宗教的研究裡，家宜更體悟了敬鬼神尊天地之理，知悉了「人之願是否成就，善惡意念而已」，面對所有的考驗甘之如飴。

回首家鄉的農民，不單必須與大自然的災害抗拒，更需在商業的剝削裡尋求生機，這讓家宜的純正心靈掀起了漣漪，決心以多年磨練之專技，正式翻轉農業的思緒，而這一切就從「臺灣茶樹精油」開始。

家宜找上了學術單位，研究臺灣茶樹的特質，果然在臺灣如此地靈人傑的磁場裡，茶樹在這塊土地上產生了原產地所沒有的靈氣。

散發著溫馨之愛的氣息，凝結著保護生命的奇蹟，
濃郁而不驕縱，勇敢而不炫麗，蠢動著臺灣奮鬥的美麗。
家宜打從心底堆疊著品牌的思緒，願讓臺灣茶樹變成世界的傳奇。

故曰：
家喻戶曉皆合宜，臺灣茶樹造奇蹟，
邪魔外道盡飄散，魑魅魍魎已躲避。

神來之手 ── 楊珺如

楊風匠心琢美珺，如願以償耀門庭；
絲絲入扣璨眼睫，揮舞巧手甲成金。

又是一個認真踏實的 O 型金牛座，若說美甲與美睫，珺如堪稱南霸天。南臺灣無人不知「茉荷夏」，其作品之美，如同茉莉荷花伴夏夜，楊柳清風漾水煙。目不暇給的參賽資歷，漫天的專業證照，堆疊出十方慕名而來的死忠粉絲，如同生命中無可替代的御廚，非珺莫屬。

忙碌，已不足以形容珺如時間的密度。在教學與評審的空隙中，盡是填滿了嗷嗷待哺的案件。在美甲上的專業，珺如已到了出神入化的境界，從指型的判斷、甲質的分類、材料的選用、設計的客製，彰顯了一門深入的獨到。

在手、腳的 20 指間，穿梭著自在悠然的熟捻，彷彿這所有的指甲都是自己的一般，以「甲界華陀」之姿躍於其上。看見回春後的甲面，再染絢麗的彩衣。

在珺如的手中，所有的指甲宛若處子，乖巧聽話，珺如將此功力歸功於學生時期的專業訓練。電腦繪圖尚未成熟之際，手繪的工法正是當年美術科系的基本功，於是珺如將紙張的塗鴉轉為靈活的人體彩繪，包含皮雕與彩甲。

山茶花就是臺灣的苦茶之花，珺如將眼瞼張合間的細羽，輕輕耕

植。將其繁瑣之苦，獨自品嚐，留下美麗的畫面飄蕩花瓣間，閃亮了雙眼，溫暖了心田。

珺如在美容產業的歷練非常完整，包含美容美體的現場實務、專櫃行銷、沙龍系統業務技導，到如今最夯的眉睫甲及紋繡，並活躍於相關產業的技術教學，南北奔忙。然而，此般的能力並沒有讓珺如停歇了學習的腳步，因為她深知不進則退的真理。於是在心靈的層面更為深入，在藝術的價值更為著墨。

當智慧越增長，珺如發現越來越在乎的是「能奉獻點什麼」，而不是得到什麼。越來越希望自己是別人的貴人，而不是擁有很多貴人。於是珺如開始在教育訓練上深耕，期盼能夠引領更多的後起之秀，也能創造有緣人的關鍵美感。

很多事情必須再等等，因為急不得；
很多機會無法再等等，因為沒得等。

遺憾是什麼？
就是機會來敲門，你不認得。
等到認出來，才知道他曾經急著來找你，
而你，卻叫他等一等。

珺如就是不希望與機會擦身而過，於是天天與時間賽跑，只為她那雙「神來之手」，能夠帶給別人好運，也帶給自己「成就與滿足」。

筆者問珺如，妳的目標是什麼？

　　珺如說：「我成功的目標就是我的起點，我熱愛與享受此刻我所擁有的一切。」

　　故曰：
神來之手盡揮灑，璀璨亮麗耀滿園。

幸福朵拉 —— 楊詠甯

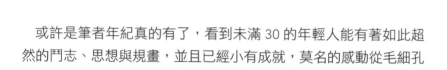

陳年往事難忘記，筱竹曲折兒時憶；
雷擊雨襲望天語，烈火鍛然已珍鈺。
楊枝垂柳隨風曳，女若男兒肩扛起；
詠念恩情甯母期，獅吼群星照大地。

　　或許是筆者年紀真的有了，看到未滿 30 的年輕人能有著如此超然的鬥志、思想與規畫，並且已經小有成就，莫名的感動從毛細孔的呼吸中激動地喘息著。

　　2015 年 8 月 20 日那天，正是農曆的七夕，依約前往桃園中正路的一間大型沙龍採訪。運氣很好，我找到了停車位。這是一間很特別的美容沙龍，裝潢特別、名字特別、經營模式也特別，從頭到腳所有的服務一應俱全，完全符合「美麗傳奇」所要特別研究的對象。最特別的是，這是一個美麗排灣族混血兒的年輕女孩所經營，正規部隊已有 5 位成員。

　　在店長詠甯的引導下，除了正在服務客人的 VIP 包廂，我踏遍了兩層樓的每一個空間。合影留念後，我們移動腳步到了正樓下的餐館，看得出來這裡已是詠甯的私人會客招待所。3 個小時的過程中，我灌了兩大杯的美式咖啡，無糖無奶的純粹，是我對原汁原味故事的堅持與習性。巧遇詠甯的母親也來用餐，媽媽貼心地問我吃了沒，說這裡的炒飯很好吃，問了三次。在堅定的眼神交會中，我們閒談了三分鐘。

媽媽用著原住民與生俱來的幽默與口音,讓我倍感親切。

媽媽關懷地對詠甯說:「不要戴這個隱形眼鏡,妳看眼睛都紅了。」

我說:「不是眼鏡的問題,她是剛剛講到您,哭了!」

媽媽露出訝異的表情⋯⋯

我繼續說:「因為我問詠甯,這輩子最感激的人是誰。您知道她說誰?當我說完答案,我就要繼續採訪詠甯,必須麻煩您自己用餐了。」

媽媽望著我⋯⋯
我說:「她最感激的人是媽媽!」

媽媽瞬間飆淚、掩面、哽咽。詠甯逃離了媽媽的視線,卻再也停不住凝結多年的情緒,如驚濤、如駭浪!

媽媽是屏東排灣族的亮麗姑娘,花樣年華時,來自四面八方的追求者已非部落青年所能抵擋。雖然媽媽患有輕微的小兒麻痺,雙腿明顯粗細不均,卻也掩蓋不住媚力的飛揚。外婆被父親說服了,媽媽在只能順從的情境下,於新婚夜被征服了。詠甯就是這一場戰役後的結晶。

父親姓陳,是標準的閩南人,詠甯誕生時被命名為陳筱鈺,也註定了曲折磨難般的成長過程。來自漁業世家的父親,長年不在家裡,

因為走上了遠洋跑船的路程。兩年見一次正常，六年見一次也不意外。不見還好，見面反而困擾添煩惱。因為，父母全武行的現場，總是沒有任何子女願意見到。爸爸對詠甯而言只是個代名詞，渴望清晰的父愛卻是如此的模糊。

媽媽的辛苦，是詠甯永遠忘不掉的記憶，拖著疲累的身軀，還得背著詠甯挨家挨戶幫人家洗衣服、洗青蚵。在這樣的狀況下，小詠甯 5 歲的弟弟誕生了，而高收入的父親卻依舊不攜回丁點家用，以供三個脆弱的生命過活。

媽媽為了生計，經常必須到北部的工廠上班，詠甯姐代母職。國小六年，姐弟經常必須寄宿在舅舅家，山上山下轉學了八次，這是多麼殘忍的歷練。舅舅不煙、不酒、不賭，沒有原住民的習性，卻多了軍人般的嚴厲，因為舅舅是個標準的刑警。在這樣的過程中，詠甯找到了一絲絲的父愛的彌補。詠甯激動地說，沒有舅舅就沒有今天的我，他是媽媽之外，我最感激的人。舅舅今年走了，享年 65歲。

媽媽說：「我很愧疚，因為我經常不在身邊，從來沒有接你們上下課，完全無法想像，你們是如何長大的，到底。」

詠甯確實在這樣的環境背景下，磨練了自己，鞭策了自己，能學的都學，能做的都做，連腳踏車都是無師自通，跌了再起，起了再跌，終就能夠抓住了前進的平衡感。

在一次媽媽生病臥床，危在旦夕之際，詠甯飛也似地踩著腳踏車的踏板，奔馳在前往醫院的路上，因為她必須用最快的時間請到醫

生來家裡救她的母親。她一路狂飆，對著上天哭喊：「請救救我媽媽，一切的苦難我願意承擔。請救救我媽媽，我會感激您的恩情，不會愧對您的憐憫。」

回到家，握著媽媽的手，詠甯說：「我會努力，我一定要讓妳住大房子，我一定會讓妳過好日子。請妳也一定要堅強活下來，讓我有孝順妳的機會。」母女相擁而泣！老天似乎也聽到了她無助的祈求！

國中畢業後，詠甯開始半工半讀，在中壢高商讀夜間部，考上臺北商業大學財經系後，就讀一學期，休學。因為她知道她必須花更多的時間務實地賺錢。

20 歲這年，父母終於結束了這一段沒有愛情、沒有親情、甚至沒有友情的婚姻。告別了父親的陳姓，擁抱母親的楊姓。於是陳筱鈺消失了，楊詠甯誕生了。

歷經了各種服務業與業務開發的歷練，從咖啡店內外場、新東陽門市、各大電信門市學習成長多年後, 2008 年在陪同朋友到職訓局學美容的機緣下，發現了自己對相關領域的天分與興趣，考過了丙級。開始接新娘祕書，到 Piano bar 擔任彩妝、造型設計，卻拒絕了燈紅酒綠的迷醉誘惑，於是決定創業。

創業，就從二樓分租的小工作室開始。油漆、壁紙所有的工程自己來，看在朋友眼裡格外心疼，詠甯卻甘之如飴，因為她知道能走到這天已不容易。花了 30 萬，卻因為屋主太過髒亂，半年後決定放棄這裡，再覓他處。店名是「米娜美學」，以她的英文名字「Mina」

命名之。

　　新的店，詠甯絞盡腦汁，她希望能有新地點、新名稱、新氣象、新希望，因此她取了一個充滿快樂、溫馨、童話夢幻卻又踏實的名字，渴望幸福、企盼盛開，故名「幸福朵拉」。

　　創業至今不到四年，詠甯憑藉著對母親的愛、對老天的承諾，日以繼夜的奮鬥，而今已是沙龍業界少見的大型店。來自獅子座群星擁護的照耀，來自樂觀勇敢的 B 型血液沸騰，詠甯大格局的氣度帶領著團隊向前邁進。詠甯毫無掩飾的真誠是客戶變成朋友的關鍵，不惜成本的產品質量要求，是客戶滿意而穩定的主因。

　　詠甯經營的不只是事業，更是獅子座無法或缺的成就感。希望給年輕人一個舞臺，穩定而有願景的成長空間，不斷提供在職訓練，不單是職能教育，更是觀念的蛻變以及行銷創造力的提升。
　　她鼓勵同仁創業，卻也期許內部擴展。以總店為核心，如同航空母艦般的開枝散葉，建構如獅群般的狼虎艦隊，以利益之行，創意義之實，儼然是美容界的大商。而這一切才正開始，凝聚千軍。

　　故曰：
　　幸福朵拉已綻放，楊木艦隊正詠甯。

創造幸福的幫助 —— 廖蓁蓁

廖事如神一花朵，荊棘如麻蓁蓁過；
教學相長廢寢食，付出同時已收穫。

　　新店出生，住溝子口，6歲時父親結束了鐵工廠，搬到屏東開起了戲院，開始了蓁蓁戲劇般的人生。

　　蓁蓁遺傳著父親的個性特質，樂善好施，在幫助中即使被人恩將仇報，卻也依舊樂此不疲。

　　身為五個兄弟姐妹的老大，國中時開始再回到了臺北，與阿公、阿嬤住。
　　在就讀稻江時期，在鬥牛士打工兩年，擔任服務生及櫃檯，學習對待客戶的應對進退。她清楚知道，她很幸運的打工是為了學習而非金錢。

　　到喜悅美髮兩年，感受老闆黃瑪麗老師的平易近人，沒有架子，就像大姊姊一般，這樣的領導風格影響了蓁。

　　想家了，回到高雄阿姨的花店幫忙，學習花藝技術，也練就了包裝的功力，讓視覺與嗅覺完美整合。

　　蓁最喜歡茉莉，因為那股遠近皆宜的魔力，近則沉醉，遠則淡雅，無可替代的吸引力。
　　多才多藝的父親在里港開設了多元性的餐廳，晚上九點前是餐

廳，九點過後就是ＫＴＶ，在這個階段，蓁開始展現了超乎常人的親和力。一個月的底薪一萬五，卻有十幾萬的收入，因為每天的小費都好幾千。

下班後享受著當大姐頭的樂趣，帶著夥伴們打保齡球，在足步移動的舞姿中滑行，摸索著人生成就感的平衡。拋出滾動的球身，前進目標，正中標的，Strike ！

接下來與朋友合開了一家特殊的店——香水情趣用品店，這又是一場全新的挑戰。但，卻也是蓁開始對氣味與精油濫觴的緣起。或許，你以為情趣用品店的專業是在情色誘惑，其實蓁卻在為期一年的經營中，鍛鍊出兩項別處無法磨練的功夫——香水與禮品包裝設計。

蓁對市售的各大品牌香水如數家珍，聞味辨人，從客人對香水的選擇，就知道客人的特質與個性，進而幫客人挑選適當的商品，給予完美的貼心包裝設計。讓情趣瞬間成為典雅，讓煽情躍然成為誠意，這是多麼偉大的創舉，因此口碑不脛而走。

喜歡自由的蓁，終究希望能夠在外打拚，於是又北上至當時紅極一時的媚登峰，兩年的磨練，卻又被父親的一句話打動。

父親說：「妳前前後後自己在外生活很多年了，很少有機會看到妳，我多麼期待能與妳近一點，經常能夠看看我的寶貝，畢竟我與妳媽的年紀也不輕了。」

蓁一股鼻酸，想起了六個字：「父母在不遠遊」。

又再度回到了高雄,與表姊合開一間俱樂部,並且設立了美容部,開始練習美容事業的經營管理,也因此接觸了化妝品公司,簽約合作。一年後被邀請到化妝品公司擔任美容技導,這一待就是六年。而此刻卻開始萌生了去意,雖然這六年確實也增長了不少。

正當此際,筆者到該家公司「歐勝」服務,擔任行銷教育部部長,開始了一連串的改造,第一波就是為期三個月全省業務系統與技術指導系統合併的講師訓練,震撼全臺,當然包含蓁。蓁若久旱逢天雨,於是留下來學習,不走了。

北、中、南三區,筆者在實際的評估與考核下,各遴選出一位掌管全區教育的區講師,南區就是蓁擔綱。就這樣開啟了蓁在美容、芳療上擔任教育訓練工作者的興趣與信心。

從技藝傳承的工匠,蛻變為一呼百諾的講師。
於是在離開歐勝之後,正式轉型做教育,從擔任美容界所謂的小蜜蜂開始,開教室,教各種技術療程,也經銷各種專業品牌。特殊的是,美容業界鮮少接觸的中醫診所,竟然主動邀請蓁前往診所做教育訓練,開拓了新的藍海市場。

還記得一次已經約好了上課時間,卻在前一天腹痛難忍,送醫急救,醫師研判為盲腸炎引發的腹膜炎,因此要求蓁立即住院開刀。
蓁因承諾而不想延期課程時間,向醫師說:「能否明天我上完課再來開刀?」
醫師憐憫而憤怒的回答:「那可能活不下來了。」
就是這樣的個性與責任感,讓蓁對自己的身子少了合理的呵護。

在父親的餐廳ＫＴＶ時期認識了夫婿，7年長跑，卻也7年難再續。因為彼此的觀念差異太大，蓁決定各自前進自己人生的方向。

哭完就堅強了，離完就獨立了，因為蓁不能將滿腹才學的累積，全部耗在檳榔園與檳榔攤裡。

想當紅唇族，不必嚼檳榔；想要自由身，艱辛自己扛。

懷了雙胞胎，只留下了一個，這讓蓁心疼之餘，格外珍惜女兒的點點滴滴。女兒不喜歡讀書，不喜歡美容，但很聰明。學校老師遴選為撞球校隊，在團隊中學習規矩，磨練互動，服從與被領導。這樣的成長，蓁完整的看在眼裡。小學四年級就成為了屏東縣的國小組「球后」，成為了年紀最小的球后，為玉田國小爭光。

這樣的教育磨練，不代表未來就必須走向不斷比賽的人生，卻是培養「專注與目標突破」的法門之一。

女兒小六畢業時，寫下了一本小書，其中記錄著媽媽的嗜好與特質，在她的心中，蓁不但是媽媽也是爸爸，這本書的書名封面就是「獻給我最愛的媽媽」。

感動的淚如同月圓時的潮汐，湧向港灣，身為單親媽媽，這一切已足夠。

蓁沒有停止過各種學習的機會，因此現在就讀屏東科大技術與職業教育研究所，並且已在撰寫碩士論文。接掌了人體彩繪工會的理事長，也接手高雄市、屏東市指甲彩繪睫毛產業工會的理事長，讓自己的視野更加寬廣。

成立了「璞蓁國際有限公司」，開始了自己的專業美容事業，以最愛的花朵茉莉為名，創立了從頭到腳全方位藝術服務的獨棟殿堂

——「茉莉公主」。不只提供有緣夥伴舞臺，也提供在校學生實習磨練的機會，更輔導外籍新娘二度就業，失婚婦女的希望重建。

這一切來自蓁的產業使命：

讓每一個學生習得實務的專業技能與自信，就業、創業，開啟自己的美麗人生。如同茉莉的芬芳淡雅歷久彌新，獨一無二。

就因為這樣的大格局，蓁蓁領導璞蓁系統全團隊加入了 HYBT 集團，在筆者的引導下，成為更加堅實的精銳部隊。

蓁蓁個人在美容界的專長，堪稱少有的全方位，從美髮、美睫、美容、美甲、美體、芳療、經絡、身心靈，再加生命靈數解析運用的獨到，一條龍的專業堪稱一絕。

很多人對蓁說：「妳幹嘛把自己弄得那麼累？身體要緊，這樣太辛苦了。」

蓁回應：「我朝著我自己的目標前進，我很快樂，因為我做的事都是我的興趣。我的唯一興趣就是這些工作。當我看到學生們享受著自己成長的香甜，燦爛於我所培育的舞臺，創造出自己的精彩，我無比快樂，無比幸福。我是戲劇人生美麗魂——廖蓁蓁。」

因為許宏說：

全世界最幸福的事，就是「看到別人因你的幫助而幸福」。

故曰：

創造幸福忘了眠，成就他人也夢牽；

精彩生命茉莉蕊，花開綻放香滿田。

穿越雲層的彩虹 ── 劉秀霞

劉邦霸氣吞山河，秀麗紅霞也高歌。

彰化社頭是臺灣襪子的故鄉，盛極一時，家家戶戶皆工廠，秀霞就是在這樣的工業鄉野長大。兩個哥哥疼愛有加，爸媽的寵愛更是不在話下。

但父親被工廠機器絞入，回天乏術。二哥被病魔叼走，英年早逝。大哥身體欠安，無暇他顧。只剩老母親的心靈，相互依附。這樣的打擊，誰能不唏噓。

花樣年華就嫁為人婦，三子而今也都長大自立更生，這是早婚早奮鬥也早體會兒孫成群的苦盡甘來。

年輕時不愛讀書，喜歡遊山玩水。高中半工半讀，學習機械製圖，卻在達新牌雨衣工廠打工，但這都不是其所愛。畢業後開始學習美容美髮整體造型，在「金髮金妝整體造型大賽」中獲特優獎，脫穎而出，於是開始當起了新娘祕書。這是來自天生喜歡絢麗色彩的本質，秀霞開始享受工作，體會愛情，爾後自行創業打造美麗沙龍。

愛來得快，孩子生得也快，於是無法專心在自己的事業，轉而進入了化妝品公司擔任技導，再轉戰業務，這一待就是將近十個年頭，這總共十多年的實戰磨練，已讓秀霞通透了美容產業的一切。

筆者接任了一個集團的總顧問，進而親自向前一公司的副總要

人，直接挖角，令其擔任集團生物科技公司之副總。

她說：「我很多都不懂，怕勝任不來。」
我說：「沒有三個月的外行，我教妳。」

就在我的引導下，從會計、進銷存、人事、行政、企劃、行銷、業務，一間公司從無到有，全然的訓練，全然的成長。這讓天秤座的秀霞承受著前所未有的煎熬，因為我所給予的正是魔鬼般的鐵血磨練，三年七個月在我的辦公桌前，淚灑三回。

然而，她走過來了，從委曲進而感恩，從逃避蛻變面對。

有一天，客戶告訴她：「妳講話的口氣與模式，幾乎與妳們許總一模一樣。」

是的，這是我的大弟子之一。沒有鐵一般的歷練，哪來鋼一般的部隊？

從瞠目結舌的上臺，從口齒不清的顫抖，如今的秀霞已經可以獨當一面，臺上的展現更是虎虎生風。

在八年前，我開創自己的事業時，HYBT 集團的第一間「法拉儷國際有限公司」就是直接以秀霞為開路先峰，擔任副總。因為我要的方向，一點就通。

這是長期培養的默契，更是勇敢磨練的堅韌。
因為妳辦事，我放心。已是我心中的踏實，而不是鼓勵。

　　因為秀霞的努力奮鬥，除了為了自己的成就感與舞臺，更為了那句令人感動的「我會全力以赴，因為我不能讓您丟臉！」

　　這又是再一次證實帶兵帶心的典範，趕不走、踹不死的團隊堅持。
　　在此特別說聲：秀霞謝謝妳！感恩妳的智慧與努力！成就了妳自己，也成就了團隊的輝煌戰績。

　　故曰：
穿梭滂沱大霹靂，越雲彩虹最亮麗！

閉關探索的美麗 —— 盧鎔方 Evon

盧門獨對鏡中影，在水鎔方無知音；
一語驚醒夢中人，展翅遨遊非螟蛉。

父親是個多才多藝的才子，年輕時在高雄歌廳駐唱，與余天、黃西田等巨星共同奔騰秀場。為了照顧生病的爺爺，結束了五光十色的絢麗，在 Evon 國二時舉家回到山上開墾竹林，翻耕為龍眼、柳丁等果園。

務農的家庭生活，總是多了點清苦，旭日與夕陽的交替填滿了生活的空白，額上的汗珠，編織著歲月的簾幕，Evon 就這樣開始了青春時期的人生旅途。

雖愛學習，卻是環境不允許，身為長女，為了減少父母的負擔，讓四個弟弟妹妹能正常唸書，Evon 中學畢業後入廠製成衣，但這樣的工作完全埋沒了自己，在這樣的年代已經少見如此電影小説才有的情節。

Evon 卻欣然選擇如此的犧牲奉獻，成全這個殘缺的完美。這或許正是眉心第三隻眼的觀音痣所標注的宿命。

Evon 開始學技藝，從美髮奠根基，再入美容找興趣。這一刻，再也掩蓋不住她的美麗。

因為美容的事業必須有外在的説服力，Evon 感恩父母的孕育，送

給了她亮眼的秀麗，有如天上接令旗，下凡人間了宿習。經過了多年的學習與磨練，Evon 彌補了失學之缺憾，練就了美容、美體、彩妝、身心靈的十八班武藝，卻在此刻歷練躲不掉的婚姻結局，額上的印記隱隱作痛，帶著女兒決定以半閉關的方式執業，助人兼修行。

服務有緣的客人，聽著她們的心事，化解她們的憂鬱，從裡到外，從頭到腳，宛若仙女辦事情，淨化人們的身心靈，還給眾生滿滿之元氣。這一刻，卻完全忘了自己，這是菩薩行。

而這一過，竟已二十載的光陰飄了去，女兒也閃電般地二十幾。
翻開了兒時的照片，父親為自己拍下的身影，有模有樣的電吉他，脫俗又帥氣，這卻也是對父親點滴回顧的經典記憶。

每到了龍眼的採收季，心疼媽媽燃起枝葉薰香龍眼的煙霧裡，滿滿粒粒皆辛苦的感激，因為這一切她都經歷。

閉關，如同與世界隔絕的日子裡，Evon 想著該已是幫助更多人的時機，在翻閱《大商的味道》中，滿滿的感動劃過心頭。決定，踏出出世之關門，走向入世之人群，讓 B 型牡羊座的傲然之氣，翻向山巔，領頭吶喊修煉後的自己，更有「幫助世界」的能力。

故曰：
潛修心性二十載，能量蓄積無阻礙，
日月星辰共期待，光芒萬丈眉心來。

飛翔的一條線 —— 蕭麗華

蕭瑟風雨摧氣息，連根拔起也呼吸；
麗彩靈性逆風行，華藝展翅震天地。

　　2016 年 4 月，一本曠世巨作誕生了，這是「蝶式挽面」的技術創作者——蕭麗華老師個人的第一本著作《飛翔的一條線》，許宏有幸參與其中為其編輯成冊出版。整個過程感動涕零，一則佩服，一則不捨，堪稱臺灣美容界最偉大的傳奇。

　　傳奇的不只是其豐功偉業，更是她對真理的堅持與執著。她，是一個翻轉生命的小女孩，也是一個內外得宜的妻子，更是一個面面俱到的母親。最重要的，她是一個將學生當孩子、將朋友當自己的老師。能夠被她帶領提攜是一種幸福，是一種挑戰，也是一種希望。

　　她創辦了「臺灣美容技藝發展協會」，而今已傳承接棒。但，不是卸下了責任，而是重新返回第一線，操作下一次的傳奇典範。

　　桃李滿天下乃名副其實的現象，在臺灣大街小巷多的是她親手調教的巧妙雙手，報章媒體爭相報導著其排山倒海的創舉。東南亞、日本、中國，四處都有其唾沫指尖傳授的靈魂，並且從無止息。

　　正是如此事必躬親，燃燒自己的火炬精神，當然少不了病魔的纏鬥與糾結，癌症爬上胸口，血氧跟隨不及，感冒蜂擁而至。今夜掛著點滴，明日依舊出席，只為了一諾千金的信守之言。

　　在她的生命中沒有藉口，只有堅定；
　　在她的目光中沒有短利，只有決心；
　　在她的歷程中不怕脆弱，只有目標的前進。

或許這是金牛座的冥頑不靈與牛角細微處，也是生命靈數 1 號人必然盛開的獨立。

　　筆者為其寫下一首貼切表述的旋律，而今已在網路中陸續傳唱，因為這是勇者之曲，激勵之頻率，在人生的路途中，可高可低的八度音交集。

一條線

　　詞／曲：許宏

　　一條棉線牽動的驕傲
　　來自阿嬤溫暖的懷抱
　　凌亂的年少
　　交錯的苦惱
　　編織成蝴蝶羽翼越飛越高

　　我穿梭在生命無奈的花草
　　不斷尋找可以歇腳的依靠
　　我隨風飛舞　跳躍在雄蕊的蕾苞
　　為自己獻上無比的榮耀

　　一條線拉扯　心中放不下的情罩
　　卻也解開　困惑的鎖鑰

　　一條線維繫我　希望的美妙
　　也挽出我　靈魂的目標

蕭老師的故事，豈是三言兩語能訴盡；

人中麗華的魅力，更非隻字片語能陳述；

推薦蕭老師所著之《飛翔的一條線》，在白天，在黑夜，在您找不到人生方向的虛弱處，她就是您再度飛翔，遨遊天際的助跑激勵。

故曰：

飛翔的一條線，就是重燃生命希望的呼吸。

築夢踏實——簡昭淑

簡約思維昭天際，淑質清染映己心；
念為磚瓦築夢境，踏實堆砌非浮雲。

　　1965 年的初秋處暑，民風純樸的嘉義大林，正值農民忙碌的秋收之際，昭淑誕生了。在如此寢床弄璋重男輕女的鄉村年代，弄瓦之喜僅是小喜，父母為了有男丁，於是生了五個孩子。然而辛苦的日子，爹娘必須外地工作，於是所有孩子總是分散在其他親戚家生活，包含外婆家、伯父家、舅舅家。

　　有記憶的孩童時期，大多是在民雄非常鄉下的鄉下中度過。昭淑擁有著原始的童年，張眼望去盡是稻田，一堆玩伴，捉泥鰍、摸蛤蜊，玩著五年級生都會玩的遊戲，包含吵鬧、打架，昭然忘了自己仍是淑女之身。

　　窮已經不足以形容年幼的家境，居無定所的流離顛沛，錢的重要不需特別教育，自然烙印。國小三年級就開始打工了，標準的童工，什麼都做。從資源回收中鍛鍊了謙卑，在包糖果的過程中包裝著未來，更在芭比娃娃的工廠中奠定了對美容化妝工作的嚮往。

　　國中畢業後，到電子工廠上班一年，爾後在光啟高中建教合作的模式下，重燃就學之機會與希望，才終止了淚眼汪汪三百多個日子獨自的茫然。

　　夜補校畢業後，在電子工廠擔任會計，亮眼的五官早已是眾人注目的焦點，於是在老闆胞弟的猛烈追求下，25 歲身為人妻。在夫君

邱志和百般的疼愛中，開始了「昭淑與志和」人生甜美的幸福，那一年我們稱為「昭和元年」。

　　老公的長相巍然，如同春秋戰國時勇猛的武將，卻有一顆浪漫溫暖的心。孝順、愛妻、疼孩子，才華洋溢，成就穩健，於是在不惑之年後，希望帶著昭淑過著假日遊山玩水的半退休生活。這當然是幸福的，是快樂的，更是多少女性的夢寐以求。但昭淑在小學三年級時所埋下夢想，種子也在心中逐漸發芽。

　　「昭和 15 年」，昭淑 40 歲，在林口社區大學正式學習美容。丙級、乙級一次考過，練就了一身「新娘祕書的獨門絕活」，昭淑感恩著徐桂美老師一路用心的教導，從學生變成助教，而今昭淑也成為了桃李遍野的新娘祕書大師，並且成立了「築夢美容工作室」，精雕細琢著有緣人，真正開始一圓其人生之夢。
　　然而，謙虛好學的昭淑，在處女座完美主義的作用下，不斷精進於美麗相關知識與技術的學習，從頭到腳，由內至外。

　　十年過去了，「昭和 25 年」，昭淑進入了「言武門」，參與了一連串的訓練，講師特訓、文字特訓、身心靈特訓、生命靈數、血型星座，各種技術運用課程，從未缺席。為什麼？因為昭淑的心中認為，真正的功課，永遠沒有準備完成的時候；真正的功夫，永遠沒有爐火純青的時刻。十年磨一劍，隨時上前線。磨刀是演練，作戰是檢驗。
　　你不需要在打敗了所有的高手後，才證實自己不弱。
　　也不必在打敗了一堆殘兵後，覺得自己很強。
　　你要進步，只需要不斷跟自己創造的紀錄比賽。

　　蛻變的昭淑找到了自己的自信，找到了自己的舞臺，圓滿了自己的夢想。昭淑說：「人生若有百年，我分為四個階段，目前進入第三個。第一個 25 年嚐盡酸甜苦辣，鍛鍊自我的心性。第二個 25 年享受幸福圓滿，建築夢想的基石。第三個 25 年現在正開始，我要開創自己的世界，豐盛我的成就，回饋我的家人，造福身邊所有的有緣人，尤盼夫君能以己之成長感到榮耀。」

　　三個孩子漸漸長大，貼心、獨立各有所長，令人寬慰。

　　孩子說：「美容是媽媽的第四個小孩。」

　　老公說：「美容是老婆的另一個情人。」

　　由此可見，這十年來，昭淑在美麗產業的心力投入，家人也為之動容，因為昭淑不只將其當成是事業，更是她今生使命必達的志業。

　　甚且，筆者望之，美容對昭淑而言，是即將引爆的事業，是令人感動的志業，更是堅定不移的信仰。

　　因為她相信：「美麗能讓女人自信，自信能讓女人快樂，快樂就能建構幸福。」

　　故曰：

　　築夢踏實昭己志，淑心巧手造霓凰；

　　柔絲繾綣盤根麗，靈性飛舞紅顏妝。

完美瑄妘 —— 顏嘉萱

靈性深綻耀紅顏，嘉言萱浪美若仙。

　　1987 年盛夏，嘉萱在新北市的新莊誕生了，但這是一隻最不像獅子的獅子座，B 型的開朗在小時候也從來沒有顯現過，根本就像是一個憂鬱的自閉兒。

　　父親早逝，由母親養大三個女兒，不知是否因此少了太陽般的安全感，被欺負似乎也已是家常便飯。憂鬱、沉悶、自卑、封閉，是再貼切也不過的童年生活。

　　不喜歡與人互動，是因為沒有蛻變的軀殼。在了解星座之後，深深覺得是否報錯了生辰與血型，看著鏡中自己的赤裸，彷若驚魂未定的羔羊，絲毫見不著獅群般的傲然。

　　聽著自己空蕩的回冗，恰似飢寒交迫的小貓兒，找不到丁點獅吼的音律聲響。步履蹣跚登上一座小山，往下眺望，突然發現車水馬龍中的水泥建築並不是牢房，為何需要將自己禁錮在這樣的蒼茫？閉上雙眼，感受風的撫觸，體會光的問候，寧聽枝葉的呢喃，開始愛上大自然。突然在想，原來自己並不孤單。

　　美髮建教合作，完成了高職學業，前進知名的連鎖美容店歷練。做同事不想做的客人，忍同事不願忍的氣，一步步累積自己的實力，因為萱知道只有如此才能練就內外兼具的真功夫，這一晃眼七年過去了。萱決定換個磁場，看看外面的世界，於是轉戰其他美容系統，另行取經，繼續磨練。

這一天，萱在思考，即使我是一隻還沒長大的獅子，即使我有這麼多不令自己滿意的地方，但我相信只要我願意學習，願意改變，我也能夠很出色。於是，萱在三重創立了自己的第一家 SPA 館——「完美瑄婍」。

瑄是美玉，婍為古韻典雅之女子，因為力求完美的服務、完美的體驗、完美的感受與結果，故命名為完美瑄婍。

一張張無瑕的容顏，一幅幅美玉般的畫面，一朵朵會說話的媚眼。

張開雙眸展嬌豔，暢運五行轉坤乾。

萱用五種精油的配方，灌注於貴賓的心境，創造了自己品牌的第一支商品——「開運精油」，歐薄荷「輕透而穿越」、伊蘭伊蘭「悠然而芬芳」、迷迭香「集思而智開」、岩蘭草「沉著而除穢」、葡萄柚「無憂而自在」。

這是萱給自己再一次的突破。

期盼每個因緣而聚的客戶都能夠在這裡，沒有壓力的情況下，真正享受放鬆的 SPA，躍升美麗與健康。

麻雀雖小，五臟俱全，最重要的這是一個有靈性、有愛的空間。萱用精進不懈的學習心，不斷讓客人同步感受自己的成長，分享自己的喜悅與感動。講師訓練超越自己的勇氣，鍛鍊自己的邏輯與口齒的清晰。原始技術與材料運用的訓練，琢磨整合多年來的功夫缺口。靈性課程、生命靈數的融入，讓自己更能洞悉客戶的需求，以達心靈共振之目標，療癒對方，也療癒自己。

人要堅強，不是逞強。堅強是勇於面對，逞強是過耗己能。

堅強是準備明天的實力，逞強是透支明日的元氣。逞強是尚未到位，堅強是皆已就緒，將逞強轉為堅強的功夫就是「學習」。萱不斷學習，於是堅強了。

學習不是永遠跟隨，學習不是永遠當學生，而是創造傳承後的新高度。老師不是永遠掌控，而是複製超越的能力。老師會老、會死，但是熱忱不能老，精神不可死。沒有狀元老師，只有狀元學生。傳承只是過程，沒有永遠不休息的老師，也沒有永遠不畢業的學生。學生永遠沒超越，並非老師厲害，而是無能。萱想要超越，於是創業了。

你是否滿意現在的自己？誠實面對後，大部分的人都不滿意。然而，你是繼續保持現狀，維持原來的習慣與觀念，還是改變？

如果你想改變的只是結果，而不是觀念與習慣，那麼不論如何改造你的過程，結果依舊回到「原點」。

行為不動，是因為心不動；真正的心動，必然行動。

改變，改變，改變；學習，學習，學習；堅持，堅持，堅持；你將「滿意」自己。萱改變了，於是越來越滿意自己。

萱突然發現，原來自己真的是獅子座，原來自己真的是 B 型。多年的歷練與探索，萱終於找到了自己，如夢初醒。

而今，更將自己所累積的能量，釋放於有緣人的身心靈，讓她們也能滋養、喜樂、自信、滿足。

萱讓生命的每一天都充滿陽光，讓自己的靈魂奔跑在光明前景的草原上，如此暢然，因為萱說：「我是快樂的森林之王！」

故曰：
龍困淺灘不翻騰，虎落平陽被犬欺，
無懼豺狼環四處，脫胎換骨獅群聚。

臺灣製造的芬芳 —— 許宏

許你一個未來，讓你紅透半邊天。

是的，我就是「許你一個未來，讓你紅透半邊天」的許宏。

這是本書最後一篇動人故事。其實，筆者早在 11 年前寫下了暢銷書《成就一瞬間》，陸續完成了《美容一瞬間》、《行銷一瞬間》、《領導一瞬間》，並於 2015 年出版了發行全球的雙語雙冊之《大商的味道》、《Big in business》。只是再經歲月的洗禮，所有的感受也全變了樣！但短短千餘字如何寫下這些年的歷練與成長？

回首今生，已是 46 個年頭過去了！

許宏出生在金瓜石，當時已經是個沒落的窮鄉僻野。打著赤腳到處跑，午間爬到榕樹上睡覺，在枝葉的縫隙中感受著 80% 的涼爽與 20% 的陽光分子。偶遇毛毛蟲掉到臉上，卻也隨緣輕撥，將牠放回樹幹，期待下次見面時已是穿上蝴蝶的炫彩衣裳。

夏夜裡牆壁依舊滾燙，因為不知冷氣長什模樣，只得打著赤膊躺在地上，聆聽地底傳遞的感動分享。

那時的小溪流處處可見魚蝦亂竄，我也喜愛陪著螃蟹玩個躲迷藏。三點起床，只為獨自爬上更高的山，眺望遠處海岸線綻放的旭日希望！

鄰居很多阿美族，喜歡彈著吉他盡情歡唱。練著原住民式的中文發音，這樣的日子真的很快樂的啦！不知各位可以理解嗎？到底！

聽著父親講著鬼故事，陣陣狼嚎般的狗叫聲，真是從腳開始覺得冰涼！沒有光害的當時，無風無雲的夜裡，我躺在門口廣場的石板上，細數著永遠算不清的星光，我找著——究竟我來自何方？不覺

淚已濕了臉龐。

小學二年級，發現自己會作詞作曲，看不懂樂譜卻可以寫出完全符合樂理的動人歌謠。樂器只要懂得如何演奏音階，輕鬆便可展現各種已經熟悉的旋律！

但，我只能當興趣，不敢擁有摘星的奢望。

年少輕狂，以為逞兇鬥狠才算男兒漢，留校察看還得賠上父母羞愧的圓場，整疊全校第一的獎狀似乎沒有讓自己感到有了光芒，卻放棄聯考圍事賭場，這一晃人生全失了方向。

在孫武撰寫《孫子兵法》的故事中，看盡了人世間的蒼涼，原來自己太過魯莽。1990 年的 4 月 5 號，徘徊社會邊緣，卻在感動的剎那頓然驚悟！

於是，我到了土城承天禪寺尋找真理，在和一位出家苦行僧一起劈材暫歇的片刻，我問了師父一個問題：「請問師父『義氣』這兩個字何解？」

師父望了望我，說：「學佛的人要講慈悲心，不是講義氣！年輕人勿染江湖之氣！」

當下有如棒喝！淚如雨下，一路狂飆回家，媽媽正在炒菜，我輕輕地抱著媽媽，說：「媽，我從今天開始吃素！」

兩年的外島軍旅，我只回家兩次，從大金門到小金門，再從小金門前進大膽島，這兩年的歷程是人生蛻變的最重要階段。終於知道自由的感覺真棒！

第一次搭機回臺降落松山機場，天空飄著細雨，我趴到地上，親吻了臺灣，原來臺灣土地是如此香芬！

退伍後，補習兩個月上了淡江化學系，一路念到碩士畢業，在美麗的淡水度過了燦爛的六年。寫歌、玩樂團、西餐廳駐唱、教吉他、當家教、教補習班，卻也拿下了精彩的成績，因為我知道我的生命沒得再放蕩。

在臺灣本土龍頭的藥廠擔任訓練講師，卻在熟絡了所有的醫藥文化後，投入了保養品、精油、保健食品的市場，因為如果可以不要用藥物就能讓人們美麗健康又快樂，這是多美的好事一椿。

被跨國公司派去新加坡演講，被當地的企業家相中挖角，於是開始了海外發展的生涯，東南亞的每一個國度與市場如數家珍，結交了很多國家的朋友，擁有了多元的跨國資源，成立了跨國際的團隊，這是我人生視野第一次的真正放大。

陳水扁當選總統，臺灣經濟開始走下坡的時刻，我選擇回到臺灣，希望能為臺灣奉獻一點心力，雖然我知道——個人的力量很渺小。

2005 年，我開始以企業軍師的角色前進顧問業市場，親上火線，擔綱重任總顧問、執行顧問、總經理。從無到有，建構了集團化的企業文化與專業的運作機制。
但對業主而言，顧問必將是過客，功成身退也自然。

擔任顧問時期，進入了出版業，自己也跨界成為了專業另類作家，一年內完成了四本著作——《成就一瞬間》、《美容一瞬間》、《行銷一瞬間》、《領導一瞬間》，也為父親許勝雄編撰《藏風聚水 DIY 祕笈》，這些書十年後的今天依舊傳頌。

　退場之後，當時跟隨的幹部們卻不知何去何從，希望我能自己開創自己的事業，讓他們能有安身立命養家活口的地方。也就在這樣的企業社會責任的使命下，2008年「法拉儷國際有限公司」成立了，專注於專業美容市場，提供專業的美容保養品、保健食品、植物精油，以及完美而到位的教育訓練。

　但，臺灣人對於美容與芳療的專業品牌總有進口的迷失，總有對原物料錯誤的認知。就在一連串食安風暴、化學物質毒害食品、油品事件層出不窮的當下，我決定了開立屬於自己的化妝品工廠，成立了「莊陽生物科技集團」，以精油藝術工廠為主體，以ＭＩＴ臺灣製造為標竿，從銷售業變成製造業，因為我知道，臺灣是我們的根，我們必在此深耕才能安全健康的茁壯。

　我們不問國家、政府為我們做了什麼，卻必須問問自己能為臺灣做了些什麼！

　雖然臺灣有著這些負面種種的不堪，我們卻依舊信心滿滿，用我們的專業、用我們的經驗、用我們的整合力、用我們的創造力、用我們不滅的熱情來迎接挑戰。

　因為，未來必須靠我們自己去創造。

　臺灣的歷史不是早已寫好的劇本等待我們扮演，而是必須用我們的生命付出與展現，才能光榮寫下歷史的詩篇！

　臺灣製造出了很多的第一，但我們希望能夠創造出更多的第一。

　許宏就是要以精油藝術工廠寫下歷史，希望能讓全世界嗅吸到來自臺灣精油藝術團隊所調配出來的芬芳。

　　音樂、繪畫、香水是三大藝術，而精油是香水的最關鍵元素，只是當化學香精研發之後，從此香水工業再也沒有天然的立足之地。

　　這是一個香水革命的時刻，革命的地點就是臺灣！

　　我們以頂尖的專業努力奮鬥，即將顛覆世界的思維，重新排列人們的嗅覺神經元！

　　不久的將來，全世界的人類說到香水與精油，將會提到的不再是巴黎，而是臺灣！

　　許宏是藝術家！
　　許宏是音樂家！
　　許宏是最專業的精油芳香大師！
　　許宏擁有全世界最專業的調香師、芳療師團隊！
　　最重要的是……
　　許宏是一個臺灣人！一個赤腳踏著臺灣泥土、吃著臺灣滋養的一切而長大的臺灣人！

　　故曰：
　　沒有能不能！只有要不要！
　　許宏說：
　　我要！

美麗傳奇

作　　　者／許宏
責 任 編 輯／許典春
企畫選書人／賈俊國

總　編　輯／賈俊國
副 總 編 輯／蘇士尹
行 銷 企 畫／張莉滎‧廖可筠

發　行　人／何飛鵬
出　　　版／布克文化出版事業部
　　　　　　臺北市中山區民生東路二段 141 號 8 樓
　　　　　　電話：(02)2500-7008　傳真：(02)2502-7676
　　　　　　Email：sbooker.service@cite.com.tw
發　　　行／英屬蓋曼群島商家庭傳媒股份有限公司城邦分公司
　　　　　　臺北市中山區民生東路二段 141 號 2 樓
　　　　　　書虫客服服務專線：(02)2500-7718；2500-7719
　　　　　　24 小時傳真專線：(02)2500-1990；2500-1991
　　　　　　劃撥帳號：19863813；戶名：書虫股份有限公司
　　　　　　讀者服務信箱：service@readingclub.com.tw
香港發行所／城邦（香港）出版集團有限公司
　　　　　　香港灣仔駱克道 193 號東超商業中心 1 樓
　　　　　　電話：+852-2508-6231　　傳真：+852-2578-9337
　　　　　　Email：hkcite@biznetvigator.com
馬新發行所／城邦（馬新）出版集團 Cité (M) Sdn. Bhd.
　　　　　　41, Jalan Radin Anum, Bandar Baru Sri Petaling,
　　　　　　57000 Kuala Lumpur, Malaysia
　　　　　　電話：+603- 9057-8822　　傳真：+603- 9057-6622
　　　　　　Email：cite@cite.com.my
內 文 排 版／孤獨船長工作室
印　　　刷／鴻霖印刷傳媒股份有限公司
初　　　版／2016 年（民 105）06 月
售　　　價／360 元

城邦讀書花園　布克文化
www.cite.com.tw　WWW.SBOOKER.COM.TW